Las aguas de arriba

Nuestro universo rodeado por aguas

Por Fernando Castro Chávez

A mis amados alumnos:

"Los cielos, y los cielos de los cielos, no te pueden contener…"

1 Re. 8:27 y 2 Cr. 6:18 (habla Salomón, ~ 1000 al 928 A. C.)

"Del Dios Fiel, tu Creador, son los cielos y los cielos de los cielos, la tierra y todas las cosas que hay en ella"

Dt. 10:14 (habla Dios con Moisés, ~ 1392 - 1272 A. C.)

ÍNDICE (*para la versión impresa*)

00a. *Dedicatoria*, 1
00b. ÍNDICE, 2
00c. Prólogo, 3
01. Nuestro planeta es único en su perfección, 5
02. Existe agua fuera de la tierra, 8
03. Unos son los cielos y otros son los cielos de los cielos, 16
04. Los restos fósiles de los dinosaurios siguen el patrón de la Pangea, 19
05. La tierra se volvió desordenada y vacía pero no estaba así en el principio, 24
06. El lugar donde mora Dios, 35
07. Nuestro Dios Elohim El Juez causó el diluvio en los días de Noé, 46
08. En busca del arca de Noé, 54

PRÓLOGO

Comencé a enseñar estas maravillas de la Biblia en inglés en los Estados Unidos acompañando de mi ex – esposa Tracy Duncan, y titulamos nuestros estudios acerca de la Biblia y la ciencia como: "La Palabra y la Ciencia", y nuestro nombre colectivo era los "Catadores de la Palabra".

Durante tres años estuvimos presentando estas maravillas durante los sábados por la noche una vez al mes, y nuestros fieles hermanos nos acompañaron con constancia, éramos de siete a 21 por reunión.

Esta clase fue la primera que compartí, ya que me quedé maravillado cuando me di cuenta de que conforme a la Biblia, nuestro universo está confinado o circunscrito y rodeado por agua, como siempre lo entendieron los hebreos o judíos y como Einstein mismo, uno de ellos, quiso demostrarlo con algunas de sus ecuaciones, que en términos simples es que así como los cuerpos y las órbitas son circunscritos, es decir esféricos o elípticos, así también el universo entero, el cual reposa como una célula gigantesca dentro de un enorme mar de agua, esto también nos podría ayudar a entender la curvatura del espacio y que más allá de esas aguas, en dirección a la estrella polar, pero del otro lado del universo, se encuentra la morada de Dios con su ciudad o planeta cúbico (por su falta de traslación y de rotación), morada que se va a traer para venirse a vivir por siempre sobre la nueva tierra (esta misma pero totalmente renovada, como ya lo hizo antes, cuando de haber un universo (cielos) y una tierra perfecta (Gn. 1:1), ante la rebelión de Lucifer para convertirse en Satanás o el "Adversario" de Dios y de nosotros, se extinguieron los dinosaurios y Dios tuvo que reordenar al universo entero en seis días, que es lo que se nos explica en Gn. 1:2-31),

Este estudio retoma todos esos aspectos para demostrar bíblicamente que el universo está rodeado por agua cual si fuera una gigantesca célula en suspensión. Esta verdad tan bella y tan simple era conocida del mundo antiguo, y apenas estamos retomándola a base de creer en lo que dicen las Escrituras.

Dado que originalmente presenté esto en base a transparencias, así es como iré numerando mis capítulos, en base al orden en el que se presentaron las mismas; como si éstas fueran las explicaciones para cada una de ellas.

La versión bíblica que uso es la Reina Valera de 1995 cotejada con los textos griegos para el N.T. y hebreos para el A.T.

Las presentaciones, con sus respectivas trasparencias en *PDF* allí, en las que se basa este trabajo son las siguientes: https://youtu.be/cAW3kiesNGk y https://youtu.be/VMzndWIMLD8

Fernando Castro Chávez

Zapotlán el Grande, Jalisco, MX, a 27 de agosto del 2018.

Capítulo 1

Nuestro planeta es único en su perfección

Cuando se estudia la probabilidad de que exista vida como la nuestra en otro planeta, día a día aumentan las dificultades para que esto suceda o haya sucedido en el pasado, según el ser humano va descubriendo las condiciones necesarias para que esto suceda. Esto sugiere que el diseño de nuestro globo terráqueo no fue una casualidad, sino el producto de una deliberada inteligencia.

Eric Metaxas, quien se presenta como autor y conferencista, de la *"Universidad Prager"*, publicó un interesante artículo en *"The Wall Street Journal"* el 25 de diciembre del 2014 titulado: *"La ciencia aumenta su evidencia de Dios"*, con el subtema de que: *"Las dificultades para que la vida exista en otro planeta aumentan. Esto sugiere un Diseño Inteligente"*. El hecho de comprobar que al poco tiempo los comentarios llegaban a diez mil, siendo éste uno de los nexos más buscados y preservados de la revista: https://web.archive.org/web/*/https://www.wsj.com/articles/eric-metaxas-science-increasingly-makes-the-case-for-god-1419544568 Nos indica que existe una inquietud muy grande por conocer la verdad acerca de la creación de Dios y Sus propósitos.

Entre las cosas interesantes que citó o que mencionó, pondré aquí aquellas que yo mismo presenté en mi estudio:

"Lo más que aprendemos acerca de nuestro Universo, lo más que la hipótesis de que existe un Creador aumenta en credibilidad como la mejor explicación de porqué es que estamos aquí" (Dr. John Lennox, Profesor de Matemáticas, Universidad de Oxford).

"Conforme nuestro conocimiento del Universo se incrementa, queda claro que existen mucho más factores necesarios para que exista vida, no se diga para que exista vida inteligente, que aquellos que Carl Sagan supuso, los cuales fueron dos únicos "criterios" para que exista vida en un planeta: **1)** La estrella adecuada (como nuestro sol) y **2)** Un planeta a la distancia adecuada de esa estrella."

Ante esta evidencia Peter Schenkel señaló: "A la luz de nuevos hallazgos y consideraciones, deberíamos de admitir calladamente que las estimaciones tempranas pudieran no ser válidas."

Ya que actualmente: "¡existen más de 200 parámetros conocidos necesarios para que un planeta sostenga a la vida, y cada uno de ellos ha de ser cumplido a la perfección!"

Por ejemplo, el único parámetro que Metaxas ejemplifica es aquel de la importancia de Júpiter como el escudo que protege a la tierra de grandes impactos de cometas (y él lo hace por razones de tiempo, ya que su presentación dura 5 minutos con 43 segundos).

Luego dice que: "El haberse presentado todos estos más de 200 factores necesarios para que exista vida sobre la tierra al azar equivale al imposible de obtener la misma cara de la moneda unas '10 con 18 ceros' veces."

Por eso Paul Davies, un físico teórico, señaló que: "La apariencia de diseño es abrumadora" y Eric Metaxas concluye diciendo que: "Las estimaciones en contra de que exista vida en el Universo (de manera aleatoria) son sorprendentes", y se pregunta: "Hablando de la existencia: ¿Es acaso posible que una tierra capaz de sostener vida haya desafiado las inconcebibles dificultades por pura casualidad?"

Por ejemplo: "los valores de las cuatro fuerzas fundamentales que existen sobre la tierra han de estar en equilibrio para que exista la vida: **1**. Fuerza de gravedad, **2**. Electromagnetismo, **3**. Fuerza fuerte nuclear, y **4**. Fuerza débil nuclear; las cuales, para que funcionara el universo, fueron determinados en menos de una millonésima de segundo ¡después de El Principio! [Al que Fred Hoyle llamó: La Gran Explosión (El '*Big Bang*')]; además cada una de estas fuerzas ha de guardar un balance preciso con las otras, ya que con la más ligera variación: ¡el Universo ni siquiera existiría! Por ejemplo: La fuerza llamada "fuerte nuclear" ha de guardar una precisa proporción en relación con la "fuerza electromagnética" para que el Universo exista."

Esto es así de impactante que el mismo Hoyle, astrónomo, señaló: "Mi ateísmo se sacudió grandemente con estos descubrimientos". Incluso otro ateo señaló lo siguiente: "Sin duda alguna el argumento del balance preciso (de las fuerzas y energías) fue el más poderoso argumento del grupo opositor [es decir, ¡de los creyentes en Dios]!" (Christopher Hitchens).

Por todo esto, Metaxas se pregunta: "¿Hasta cuándo sería justo admitir que es la ciencia misma la que sugiere que no podemos haber sido el producto de fuerzas aleatorias?", para concluir: "Ciertamente, ¡la ciencia estudiada objetivamente nos conduce a DIOS!"

Capítulo 2

Existe agua fuera de la tierra

Cuando presenté este trabajo, puse en mi transparencia ejemplos de agua en el espacio exterior, en el centro al planeta Marte, mostrando que congelada en los polos, y los reportes dicen que también en su interior, hay agua; a mi derecha pongo el ejemplo de una de las lunas de Júpiter: Europa, en la que también se ha encontrado agua en su interior en estado congelado, a mi izquierda, teniendo las transparencias frente a mi tenemos una foto de la Luna, en la que también se ha encontrado agua congelada en su lado oculto a nuestra vista, en un cráter de la profundidad del Everest y del tamaño de Chipre.

Luego agrego unas cuatro fotos de cometas y grandes meteoritos donde se observa que sus caudas son en realidad agua evaporándose al pasar éstos cerca del sol, las fotos indican que antes de su llegada al sol se encuentran en gran parte en estado de hielo, y que al pasar cerca del sol se produce vapor de agua, y que incluso se desprende dióxido de carbono (CO_2), finalmente, en esa transparencia pongo la gráfica del punto triple del agua, donde dice (en inglés), que a una temperatura de 0 grados centígrados (que allí se precisa como: 0.0098) y a una presión de 0.00603 atmósferas se tiene al H_2O en sus tres estados: gaseoso, líquido, y sólido, como se observa en esos cometas conforme se van acercando al sol.

Ilustro además todo esto con la simple referencia a un versículo, poniendo solamente: Jer. 33:3, y digo verbalmente lo que dice allí: "**Clama a mí y yo te responderé, y te enseñaré cosas grandes y ocultas que tú no conoces**".

Una vez que he dicho esto elevo mi corazón a Dios en público y platico con él, le digo algo así como lo siguiente: "*Tú que has creado todo cuanto existe, revélanos tus grandes maravillas, para que todo aquel que te busque, como nosotros, encuentre respuestas, en Cristo Jesús te lo pido..."*

En mi siguiente transparencia pongo unos 20 ejemplos en miniatura de las más maravillosas, y yo diría "alucinantes" galaxias dentro de las que el vapor de agua se tiñe de los más diversos colores, según los elementos dominantes, para formar las más impresionantes nebulosas, acompaño estas imágenes con el texto que dice (que en otro de mis estudios exploro de una manera más detallada):

"Los cielos cuentan la gloria de Dios y el firmamento anuncia la obra de sus manos" Salmo 19:1

Luego pongo el nexo a un video descargable sorprendente, en el que tan sólo un pequeño fragmento del universo posee incontables galaxias, dentro de las cuales se encuentran incontables estrellas: https://wordlesstech.com/fly-known-galaxies-universe/

Curiosamente el nexo a ese sitio se llama "*Tecnología sin palabras*", y allí se usan breves palabras para describir videos e imágenes, en este caso, dice lo siguiente: "*Viaja a través de todas las galaxias conocidas del universo. El detallado mapa del universo de "catálogo del ensamblaje galáctico y de materia", mostrando (está) en donde hay galaxias en este impresionante video en 3-D (tercera dimensión)... El viaje simulado a través (de las galaxias) muestra las posiciones verdaderas y las imágenes de galaxias que han sido cartografiadas hasta ahora. Las distancias están a escala, pero las imágenes de las galaxias han sido agrandadas para su placer visual*".

Luego pongo una escritura que nos indica que existen alrededor del sistema solar, tanto grandes cubos de hielo flotando: *"depósitos de granizo"* dice la escritura, así como finos copos de nieve: "depósitos de la nieve":

"¿Has penetrado tú hasta los depósitos de la nieve? ¿Has visto los depósitos del granizo, que tengo reservados para el tiempo de angustia, para el día de la guerra y de la batalla?" Job 38:22-23

Ese granizo gigantesco, cuando un gran bloque choca con otro, hace que entren al sistema solar, y atraídos por la gravedad del sol, nuestra estrella, al pasar cerca de ella se comienzan a derretir y es entonces que vemos sus caudas que son formadas por el vapor, como decíamos al principio. La batalla a la que se refiere es la de los días del Apocalipsis, en los que la rebelde humanidad de entonces va a ser *"bombardeada"* por designio divino por piedrotas de este *"granizo"* procedente de los confines del sistema solar. Éstos gigantescos *"granizos"* se encuentran en lo que se conoce como el *"Cinturón de Kuiper"*, el cual rodea al sistema solar; uno de sus integrantes es *"Plutón"*, el que erróneamente fuera considerado planeta pero que no lo era, por no seguir el paso de la eclíptica del sol, como el resto de los planetas, y porque hay muchos bloques que son más grandes que él en ese cinturón.

En relación con el otro componente, el de nieve en el espacio exterior, los científicos han ido descubriendo gradualmente que la nube de Oort está hecha de esa nieve, y uniformemente rodea al sistema solar como una gran esfera, justo detrás o después del cinturón mencionado antes, que la antecede.

En mi siguiente ilustración me pregunto con admiración (figúrense eso): "¿¡un lago congelado!?" y digo que:
"recientemente, el *"Mars Express"* de la *"ESA"* encontró un lago congelado de agua dulce en un enorme cráter (de 800 x 900 km, y doblemente admirado, digo:): ¡¡En ambos polos de Marte!! (Y

pongo la curiosa ilustración del mismo, con colores artificiales puestos, presumiblemente por sus fotógrafos "captores", en el que se ve el cráter con su gran "charco" de agua congelada).

Otro ejemplo que pongo dice así (triplemente admirado, vayan ustedes a saberlo:): ¡¡¡Vapor de agua!!! En el 2007, astrónomos y científicos encontraron esto en un planeta, orbitando a una estrella, llamado "Júpiter Caliente", por ser un gigante gaseoso semejante a nuestro Júpiter, muy, muy lejano, a unos 63 años luz, y se observa una representación artística del mismo.

Luego tenemos a los "géiser de agua", ya que en el 2004 científicos encontraron evidencia de que géisers del tipo "Yellowstone", pero fríos, se encuentran activos en una luna de Saturno llamada Encédalo (y se ve la foto de la misma en blanco y negro). Hasta aquí, éstos tres ejemplos los tomé de un trabajo para la escuela realizado por Nadia Fatule, Yael Lama, Romina Pinto y Rodrigo Rosas, que ellos pusieron en: https://edu.glogster.com/glog/water-outside-the-earth/x3rdsth62i

Luego pongo un video que habla acerca del agua en la Luna, pero aquí quisiera mejor terminar este capítulo con dos artículos tempranos que yo publicara para el *CIATEJ, A.C.*, bajo la atinada mano editorial de Marina Aide Reyes Delgadillo, allá por Guadalajara, Jalisco, MX, relacionados con el agua en Marte y en la Luna, aquí les van:

SOBRE EL AGUA EN MARTE
Por Fernando Castro Chávez
Agosto 4 de 1997

Ahora sí, con esta reciente información de que hubo agua en Marte ya son tres las evidencias de la presencia del agua en el espacio, suficientes para el establecimiento de una visión astronómica diferente para la ciencia. Las otras dos evidencias son la información de que hay agua congelada en uno o más cráteres del lado oculto de la Luna y la de que hay hielo flotando en una órbita alejada del sol.

La idea de la curvatura del espacio propuesta por Albert Einstein concuerda con la visión de que el universo es esférico, así como lo son los cuerpos existentes dentro de él (planetas, satélites y estrellas), y sus órbitas.

El hecho es que el pequeño auto de la *NASA* (el *Pathfinder*), enviado para tomar fotos y muestrear el suelo de Marte, ha encontrado piedras redondeadas ("Rodadas", como las piedras y rocas que se observan cuando uno va al mar) por efecto del movimiento de las aguas que hubo sobre su superficie, y además, que algunos de sus componentes rocosos sólo se forman ante la presencia del agua y de la temperatura (*v.gr.* andesita y cuarzo).

La prácticamente nula atmósfera de Marte muestra que este planeta no estaba diseñado para retener esa agua que cayó en él, y la prueba de eso es que tal agua ya no está allí.

Esto nos lleva a reconsiderar lo siguiente: que además de que el universo es esférico, está rodeado por agua, y que hace mucho tiempo, se rompieron los confines del Universo, derramando parte de esa agua periférica y bañando a sistemas, satélites y planetas, hasta anegar también completamente a nuestro planeta Tierra.

Por el diseño de la Tierra, esa agua se redistribuyó entre las nubes, los mares y los ríos y lagos, tanto externos como subterráneos; pero en el caso del planeta Marte, la mayoría de esa agua se escapó. Algunos suponen que una poca de esa agua quedó en ambos polos de Marte.

La panorámica astronómica anterior se basa primeramente en lo que entendemos del tan antiguo y tan cierto libro del Génesis.

Algunas notas adicionales para mi versión electrónica:

...La órbita en la que se encuentra Plutón es en la que se encuentran los otros gigantes bloques de hielo flotando. Plutón es uno de ellos. Los cometas se "desprenden" de esa órbita y al pasar cerca del sol, el hielo convertido en vapor es el que forma sus impresionantes y largas caudas.

Probablemente un bombardeo a la tierra de gigantes cometas compuestos de hielo causó la extinción de los dinosaurios, la muerte de los "*forams*" y de todo ser viviente al desbaratar la atmósfera.

Por otro lado, probablemente el agua del diluvio ocurrido en tiempos de Noé comenzó a penetrar por los agujeros de ozono de los polos, congelando repentinamente a la superficie de esos polos. El agua que siguió entrando no sólo elevó el nivel del agua sobre la tierra, sino que a su vez evaporó y provocó aquellas lluvias torrenciales durante 40 días.

¿Acaso serán los agujeros negros (en los confines del universo) conductos hacia el exterior del universo, un universo que de acuerdo a la Biblia está rodeado por agua cual una gigantesca célula en suspensión?

A partir del año 2004 las exploraciones mundiales a Marte (inicialmente no tripuladas) se han intensificado y se relacionan especialmente con el agua en Marte.

Fuente: Castro Chávez, F. Sobre el agua en Marte. *COMUNICA - CIATEJ - CONACyT* 9(14):1, Agosto 4 de 1997. Guadalajara, MX. (Escaneo original, que en esa ocasión se ganó el frente de página: http://fdocc.ucoz.com/3/7a.FernandoCastroChavez_ComunicaCiatej9_14_Ago_4_1.jpg

AGUA EN LA LUNA
Ing. Fernando Castro Chávez,
3ª generación del Posgrado (*MSc en Biotecnología*).
Diciembre 18 de 1996

A finales de 1995 la agencia espacial europea puso en órbita su telescopio espacial de infrarrojos llamado *ISO*.

Esta tecnología ha detectado inconfundiblemente la huella de las moléculas del agua flotando en el espacio cual grandes icebergs que flotan en una órbita alejada del sol.

Aún desde la Tierra puede ser observada con un telescopio esa agua espacial congelada.

Dicen que el calor estelar podría evaporar ese hielo, alcanzando una temperatura de 30 º C según Ewine Van Dishoeck (Observatorio de Leiden, Holanda).

El 3 de diciembre de 1996, el departamento de defensa norteamericano declaró que su sonda espacial *Clementine* se encontró con un lago de agua congelada dentro de un cráter gigante en el lado oscuro de la Luna, aquel que jamás vemos desde la tierra, ya que la Luna solamente le presenta un solo lado a la tierra todo el tiempo.

Dicho cráter tiene una profundidad de 12 km (compárese con el Everest que tiene unos 8.85 km de altura) y un tamaño del doble que Chipre. "*La señal recibida concuerda con la del hielo*", señaló Paul Spudis (Instituto Lunar y Planetario de la Universidad Rice).

¿Una posibilidad más para la Tierra?, una posibilidad más para reflexionar acerca de lo que pudo haber sucedido para que esa agua llegara hasta allí y para reflexionar sobre la creación magnífica del Universo.

Nota adicional para la versión electrónica: Posteriormente la *NASA* envió un satélite que se enterraría en ese hielo lunar, pero (supuestamente) "falló en el blanco". [¿Ó no?]

Fuente: Castro Chávez, F. Agua en la Luna. *COMUNICA-CIATEJ* 8(17):4, Diciembre 18 de 1996. Guadalajara, MX. (Escaneo original: http://fdocc.ucoz.com/3/1.FernandoCastroChavez_ComunicaCiat

ej8_17_Dic_18_1.jpg, si acaso se perdiera, que es lo más probable, buscarlo en el archive.org, y así para todos los demás, por favor) URL para las dos últimas:
https://web.archive.org/web/20091027120121/http://www.geocities.com/fcastrocha/spa.htm

Concluyendo con todo esto podríamos preguntarnos: ¿entonces, cómo es que esas aguas cayeron en todos esos lugares?, ¿cuándo y de dónde vinieron?, ¿a dónde se fueron (ya que por ejemplo en Marte se ve eso de que hubo lagos y ríos pero que ya han desaparecido)?

La respuesta a todas estas preguntas solamente se encuentra en la Biblia y en la mente de Dios, ya que ninguno de nosotros estaba allí cuando todo esto sucedió, pero Él si lo estaba y dejó una crónica de todo aquello en sus escrituras, como vamos a seguirlo viendo en este libro.

Datos técnicos adicionales, tanto bíblicos como científicos se pueden observar en el siguiente nexo:
http://fdocc.ucoz.com/index/agua_en_marte_y_en_la_luna/0-81

Capítulo 3

Unos son los cielos y otros son los cielos de los cielos

A continuación, presento la escritura clave de este estudio, la que también he agregado en el epígrafe de esta obra:

"**Del Dios Fiel, tu Creador, son los cielos y los cielos de los cielos, la tierra y todas las cosas que hay en ella**" Dt. 10:14

Esto le es tan importante a Dios que nosotros lo entendamos que utiliza sus dos principales calificativos, atributos o "nombres" en el hebreo: "*Yahweh*" y "*Elohim*", que, respectivamente se pudieran entender como, el primero sería: "*El Dios siempre fiel*" y el segundo: "*El regidor con sus huestes de todo cuanto existe*", y por brevedad: el "*Creador*".

Hasta donde entiendo, en este versículo cuando dice "los cielos" ("*has shamayim*" en hebreo) Dios se refiere a nuestra atmósfera y a todo ese espacio exterior más allá de nuestra atmósfera, y cuando dice "los cielos de los cielos" ("*husheme has shamayim*"), entiendo yo que se refiere a la morada de Dios que está más allá del espacio exterior y más allá de las aguas que rodean a ese espacio exterior. Esto mismo y de la misma manera exacta del hebreo: "*has shamayim husheme has shamayim*", al menos lo vemos en otras dos escrituras, quedando con ello completamente completado el testimonio de Dios de que esto es verdad: 1 Re. 8:27 y 2 Cr. 6:18 (en ésta lo único que se omite es el artículo inicial: "*has*"; pero, como es una cita del mismo momento histórico que el anterior de 1 Reyes, asumimos que originalmente se dijo igual con todo y su artículo "los": "*has*").

Si nos remontamos al principio de todo cuanto existe, como bien sabemos, tenemos esto (aquí, inserto yo el texto original transliterado, así como alguna que otra clarificación en itálicas, dentro del paréntesis):

> **"En el principio creó Dios los cielos** (*has shamayim*) **y la tierra"** Gn. 1:1

Aquí corroboramos que Dios es el Creador de los cielos (y aquí se incluyen todos ellos: nuestra atmósfera, el vasto espacio exterior obscuro y sin oxígeno, y todo aquel espacio que existe más allá de las aguas que rodean al universo, que son los cielos donde mora Dios) y de la tierra. Y, recordando que Elohim es una palabra que incluye al plural, me agradó para mi presentación traducirla como *"El Espíritu de los espíritus"* (*"El jefe de las huestes espirituales"*). A continuación, si seguimos leyendo a del mismo capítulo en el que estábamos en Dt., vemos que dice:

> **"Porque Jehová, vuestro Dios, El es Dios de dioses y Señor de señores, El Dios El Grande, El Poderoso y El Temible, que no hace acepción de personas, ni recibe sobornos"** Dt. 10:17

Aquí, de nuevo se nos dice que Dios es tanto *"Yahweh"*: *"El Dios Siempre Fiel"* y *"Elohim"*: *"Regidor Universal"*, y en hebreo todos los artículos que se leen en el versículo anterior se encuentran presentes.

A continuación presenté algo fuerte, ya que por simetría de eventos descubrí que, y esto con la ayuda de los estudios estructurales bíblicos de E. W. Büllinger descubrí que antes había pura agua dulce, no salada en todo el planeta, y que la salinidad de las aguas que hoy llenan los océanos fue el producto del bombardeo de meteoritos que llegaron del espacio exterior y de las aguas que penetraron a la tierra hasta ahogar a todos los dinosaurios, causando esto la primera era glaciar por tanta abundancia de agua. La simetría de la que hablaba aquí nos indica que en el futuro, cuando la nueva tierra sea restaurada a la perfección original, se nos dice que ya no habrá más océanos:

"**El mar ya no existía más**" Ap. 21:1b.

Esta escritura tiene tremendas implicaciones:

1) Porque de nuevo se va a restaurar el hecho de que va a volver a haber solamente agua potable o dulce a lo largo y ancho de toda la tierra;

2) Que las aguas saladas en realidad, la Biblia, mediante Ezequiel, nos dice que son aguas: "enfermas", y se pone el ejemplo de una salinidad extrema, también producto de un juicio sobre una humanidad perversa: la del "Mar Muerto" en las inmediaciones de lo que fueron Sodoma y Gomorra, el cual, antes del juicio o bombardeo con azufre purísimo del cielo (como veremos a su tiempo), era un lago de aguas totalmente productivas de peces y de vida, pero que ahora están como su nombre lo indica;

3) Que todo ese espacio oceánico que ahora cubre a la tierra: ¡el 70 %! En el futuro de Dios va a quedar como área libre de ser habitada por el ser humano, y por esto y por la transformación de humanos mortales, aunque muy longevos, abastecidos por la sangre (vida de alma), a humanos inmortales energizados por el espíritu (vida vivificante de espíritu).

Finalmente, me gusta recordar que a pesar del gran tamaño de los grandes dinosaurios extintos (*v.gr.*: el titanosaurio llamado *Patagotitan mayorum* midió unos 40 mt (ya que su cuello medía unos 12 metros) y pesaba unas 70 toneladas), los cuales habían sido diseñados por Lucifer antes de su caída (y por eso Dios no volvió a retomar el diseño exacto de ninguno de ellos para su nueva línea de producción de Gn. 1), y por eso de haber sido el diseñador de los dinosaurios se le llama el gran dragón rojo del Apocalipsis (Ap. 12:3, 4, 7 (dos veces), 9, 13, 16, 17; 13:2, 4, 11; 16:13; 20:2), es decir: "el gran dinosaurio".

Capítulo 4

Los restos fósiles de los dinosaurios siguen el patrón de la Pangea

Por esto que hemos visto al final del capítulo anterior, he establecido una hipótesis científica, basado en la revelación bíblica de que cuando existieron los dinosaurios, la tierra vista desde el espacio exterior era como un gran planeta verde, pues toda esa masa uniforme y unida, conocida hoy como "Pangea" (también llamada: "Pangaea"), estaba rebosante de vegetación por todo el planeta, y es por ello que al quedar sepultadas estas plantas por gruesas capas de lodo, al descomponerse allá abajo, sin oxígeno y con una alta presión, se transformaron en petróleo.

La prueba contundente de que todo era una sola masa de tierra consiste en que se han encontrado restos fósiles tanto de animales como de plantas en esos puntos que se asume que antes estuvieron unidos, por ejemplo esa parte costera a la derecha de Sudamérica que embona como rompecabezas con esa parte costera a la izquierda de África, pero también en las tierras del norte se observa esto, como veremos.

Considero también que, dada la tremenda presión de esas aguas que llegaron del espacio exterior, eso fue suficiente para resquebrajar a dicha Pangea y propiciar la separación de los continentes.

Entonces, se podría considerar que el planeta tierra de los días de Noé tenía unos continentes más unidos y menos separados que los que tenemos ahora, eso explica la abundancia de restos de mamuts tanto en el norte de América como en as áreas del norte de Europa, por ejemplo, por allá por Siberia.

La evidencia científica que presenté confirmando que las aguas saladas de los océanos llegaron del espacio exterior fue un muy interesante artículo científico publicado por la *NASA*, que dice así:

"***Sabor a agua de cometas***. *18 de mayo, 2001. Cuando el cometa "**Linear**" estalló en pedazos el año pasado (cuando pasaba cerca del sol), mostró lo que muchos científicos sospechaban desde hace tiempo. Es posible que el agua de los océanos haya llegado desde el espacio exterior... lo más probable es que (dicho cometa) estaba hecho de agua, con la misma composición isotópica que el agua que encontramos en la tierra. El descubrimiento respalda... que los impactos cometarios... podrían haber traido la mayor parte del agua de los océanos terrestres*".

Luego se hace una deliberación acerca de la importancia de Júpiter como escudo protector de la tierra, como ya veíamos antes en la presentación de Metaxas, además de otro punto hídrico interesante parcial: "*La poderosa gravedad de Júpiter mantuvo altas las velocidades de colisiones entre los cometas cercanos impidiendo que crecieran mucho... (dando) un impulso a la vida en la tierra... los cometas nacidos cerca de Júpiter puede que hayan contenido el tipo de agua correcto para explicar los océanos de la tierra... los océanos de la tierra pueden haber granizado con los cometas...(y con los) asteroides... tema para continuas investigaciones*".

Me parece entender que esa agua salada viene de más lejos, de esas aguas que rodean al universo entero, ya que apenas ante una vastedad oceánica tan grande, y con menos restricciones gravitacionales es que se pueden dar las condiciones necesarias para tener esas perlas gigantescas que son más grandes que el recinto en el que me encuentro, y que van a servir para fabricar las doce grandes compuertas, cada una individualmente elaborada a partir de una perla, como leemos en el último libro de la Biblia:

> *"Las doce puertas eran doce perlas; cada una de las puertas era una perla"* Ap. 21:21ª

Vean entonces el tremendo tamaño de esas perlas, imposibles de obtener sobre la tierra dada su presión y gravedad, pero totalmente factibles de ser obtenidas en esa infinidad de aguas saladas que rodean al universo entero, aguas que se desbordaron al mismo tiempo que se extinguieron los dinosaurios, dando origen a la primera *"Era glacial"* sobre la tierra, dado lo frías que eran cuando penetraron a la tierra, además de que al inundar el sistema solar completo, prácticamente apagaron al sol. Esto también coincide con el tiempo de la rebelión de Lucifer.

De los ejemplos fósiles que pongo en mi siguiente transparencia, incluyo al *"Cynognathus"*, el cual aparece tanto en timbres de Polonia (*"Polska"*, GR 60) como de Corea (*"DPR Korea"*, 10 W, 1991). Además de esto, el mapa de la *"Pangea"* que pongo ubica los restos encontrados de éste tanto en Sudamérica como en Sudáfrica, ambos del lado del Atlántico, pongo también el esqueleto de uno de ellos así como la leyenda, que dice: *"Restos fósiles de Cynognathus, un reptil terrestre del Triásico de aproximadamente 3 metros de largo"*.

Luego vemos otro animal prehistórico, cuyos restos, el mapa señala, que han sido encontrados en la base sur de los mismos bloques de los continentes ya mencionados, y su leyenda nos dice: *"Restos fósiles del reptil de aguas dulces Mesosauro"*.

Se observa un tercer fósil que es aún más impresionante que los anteriores, ya que éste se ha encontrado distribuido en los siguientes tres grandes bloques de continentes: desde el centro hasta el norte de la Antártica, pasando a través de todo el centro, y orientándose hacia el norte de la India y en África, entrando por el centro y yéndose hacia el sur, y cuya leyenda nos dice: *"Evidencia fósil del Lystrosaurus, reptil terrestre del Triásico"*.

Pero hay algo más impresionante aún, y es tanto la foto de cientos fósiles vegetales incrustados, en lo que hoy es una gran losa de piedra gris, principalmente de la planta prehistórica: *"Glossopteris"*; es impresionante ver que su presencia llena siete grandes bloques de tierra que ahora se encuentran separados pero que antes estaban unidos: Australia, Antártica, el sur de India, Madagascar y Sri Lanka, así como Sudáfrica y Sudamérica, por lo tanto, su leyenda dice así: "Fósiles del helecho *Glossopteris*, encontrados en todos los continentes del sur, muestran que éstos estuvieron unidos en alguna ocasión".

Para rematar, puse la evidencia en la Antártica de que en alguna ocasión por allá existieron palmeras tropicales, se ve un tronco de palmera truncado sobresaliendo de la nieve, y el estudio de sus tejidos indica que se trata de células de tamaño grande, es decir, que esa madera es porosa.

A continuación hago un estudio semejante para los fósiles encontrados en la parte norte de los continentes, y se ve la presencia de *Hadrosauridae* tanto en las regiones de la *"Horseshoe Canyon Formation"* de Alberta, Canadá, como bastante más arriba, en las regiones del *"Prince Creek Formation"* de Alaska; y desde luego, antes el clima de toda la tierra se presume que era uniforme desde el trópico hasta los polos.

Luego, tenemos una leyenda que dice que al primer Tiranosauro que se encontraron en un polo terrestre, en el *"Kikak-Tegoseak Quarry"* de Alaska, le llamaron: *"Nanuqsaurus hoglundi"*, tiene ¡tan sólo siete metros de largo!, y que es "empequeñecido" al ser comparado con sus primos gigantes: el *"Albertosaurus"* (de 10 mt) y con el *T. rex* (de 12.3 mt para una de ellos bautizada como *"Sue"*). Finalmente, una nota acerca de éstos nos dice que: "los restos de Tiranosauros se encuentran normalmente en las altitudes bajas y medias de Norteamérica y Asia Central" (y fue por esto que les sorprendió este hallazgo).

Igualmente, se describe de manera gráfica que más recientemente, tanto fósiles de los mismos *Hadrosauridae*, así como fósiles de los siguientes grandes especímenes (dejo también sus nombres en inglés para facilitar su búsqueda en la red): *Ankylosauria, Neoceratopsia, Tyrannosauridae*; así como de otros menores, tales como los: *Ornithopods, Dromaeosauridae* y *Troodontidae*, todos ellos se encontraban en las siguientes y hoy distantes regiones del norte del planeta, comenzando con Canadá y moviéndome de derecha a izquierda, desde su: *"Bylot Island"*, y sus *"Northwest Territories"* y el *"Yukon Territory"*; así como en los siguientes lugares de Alaska: *"Colville River"*, *"Talkeetna Mountains"* y su *"Aniakchak National Monument"*, llegando los restos de todas esas bestias, sorprendentemente: ¡hasta *"Kakanaut, Chukotka"*, en Siberia!

Luego, en la siguiente ilustración pongo un comparativo entre el *"insignificante"* tamaño del ser humano, comparado con el de los siguientes dinosaurios: el *T. rex*, el *Apatosaurus louisae* (un saurópodo gigante), la *Gastonia burgei* (un dinosaurio con *"armadura"*), el *Stegosaurus stenops* (uno *"blindado"*), el *Edmontosaurus regalis* (uno con *"pico de pato"*) y el *Triceratops horridus* (uno con cuernos).

Luego pongo una transparencia, ¡con 60 gigantescas, y francamente exóticas (como esos helechos descomunales o esos gruesos y altos troncos con menudas cabelleras de palmera, formados por infinidad de rombos pequeños; y ambas clases de plantas tan raras me tocó contemplar cuando anduve por Xalapa, Veracruz en su reserva natural - museo), plantas prehistóricas hoy extintas (y siendo la base para la formación del petróleo así como del gas natural subterráneo)!

Capítulo 5

La tierra se volvió desordenada y vacía pero no estaba así en el principio

Para comenzar este tema el inseparable par de Escrituras para mí que yo presento son las básicas siguientes:

"**Porque así dice Jehová, que creó los cielos. Él es Dios, el que formó la tierra, el que la hizo y la compuso. No la creó en_vano** (*tohu*)**, sino para que fuera habitada la creó: «Yo soy Jehová y no hay otro...»**" Is. 45:18

Aunada a:

"**La tierra QUEDÓ** (*hayetah: become*) **desordenada** (*tohu*) **y vacía, tinieblas sobre la faz del abismo y el espíritu de Dios se movía sobre la faz de las aguas**" Gn. 1:2

Allí donde dice *"QUEDÓ"*, en mayúsculas, todas las versiones traducidas del hebreo que yo conozco dicen erróneamente *"Estaba"* (pero eso en realidad está muy mal, debido a que eso no es lo que dice el texto, sino que dice que así *"Llegó a estar"*, y de las 3561 veces en las que esa palabra hebrea aparece: *"hayetah"*, o declinaciones asociadas a la misma, cuya raíz de todas ellas, incluyéndola a ella es la palabra hebrea: *"hayah"*, su significado es *"become"*, es decir: *"llegó a ser"*, pero no: "estaba"). Esto es muy importante porque Dios no tenía a la tierra originalmente como una masa desordenada e informe y sin vida, sino que desde el principio Él la creó perfecta y habitada, lo que leemos el esto del capítulo 1 del Génesis trata acerca del reordenamiento de un universo pre-existente por parte de Dios.

La palabra hebrea *"tohu"* es la que se traduce como *"vacía"* en Gn. 1:2 y es la misma que se traduce como *"en vano"* en Is. 45:18. ¿Por qué considero yo que esto es tan importante? Bueno, esto se debe al hecho de que hubo algo externo a la perfecta creación de Dios que causó que todo quedara hecho un desorden, y sin vida alguna (las aguas venidas desde más allá del universo que penetraron a la tierra y la inundaron causando la extinción de los dinosaurios debido todo esto a la rebelión de Lucifer).

Aquí leemos entonces que Dios creó a la tierra para que fuera habitada desde el principio, y que no la creó *"tohu"*, es decir que Él no la creó ni *"desordenada"* ni *"en vano"*, que son dos traducciones alteras en español para esa misma palabra en hebreo; y a esa palabra Strong, para seguirle la pista a través de toda la Biblia, le puso el número 8414, siendo ese entonces su *"número de Strong"* (palabra que aparece solamente 20 veces en la Biblia, es decir, que la palabra *"tohu"* aparece tan sólo un 0.006 % en comparación con *"hayah"*).

Este maravilloso binomio explicativo de la escritura misma yo no podría haberlo visto por mí mismo si no hubiera sido por la investigación incansable de Ethelbert W. Büllinger, quien nos lo mostró por primera vez.

Lo que causó, entonces tal desorden o vacío fue la rebelión de Lucifer (a quien yo considero el principal diseñador de los dinosaurios antes de que cayera, y por los cuales decidió rebelarse en contra de Dios y tomar el control, no sólo del resto de la creación, sino del universo entero y más allá del mismo). En la Biblia, leemos acerca de esta rebelión de la siguiente manera:

"¡Cómo caíste del cielo, Lucero, hijo de la mañana! Derribado fuiste a tierra, tú que debilitabas a las naciones. Tú que decías en tu corazón: "Subiré al cielo. En lo alto, junto_a (*¡por encima!*, lo traduce la NIV) **las estrellas de Dios, levantaré mi trono y sobre_el_monte_del_testimonio** (*behar mowed: sobre el monte de la asamblea: "_el monte sagrado"*, lo traduce la

NIV) **me sentaré, en los extremos (***yarkete***) del norte; sobre las alturas de las nubes subiré y seré semejante al Altísimo." Mas tú derribado eres hasta el seol, a lo profundo (***yarkete***) de la fosa (***bowr***)"** Is. 14:12-15

Es decir, que el adversario quiso colocarse en el lugar más extremo (*yarkete*) por lo elevado y exaltado y ha de ser derrumbado hasta el lugar más extremo (*yarkete*) por lo bajo que existe.

Cuando Lucifer dice que se quiere ubicar por encima de las nubes

En el último libro de la Biblia se dan más detalles acerca de esto, y se aclara a qué se refería por revelación divina el profeta Isaías, quien al señalar "a lo profundo de la fosa", que puede traducirse mejor como "los extremos del abismo":

"Lo arrojó al abismo (*abysson***), lo encerró y puso un sello sobre él, para que no engañara más a las naciones hasta que fueran cumplidos mil años"** Ap. 20:3a

La parte más extrema se dice primero, consistente en el destino final del Adversario, que es el "seol", palabra que es la transliteración del hebreo "*sheol*", el cual consiste para los seres humanos en el estado del estar muertos, sin conciencia, pero para seres espirituales se dice esto:

"Y el diablo, que los engañaba, fue lanzado en el lago de fuego y azufre donde estaban la bestia y el falso profeta ; y serán atormentados (*basanisthēsontai: probados***) día y noche por los siglos de los siglos"** Ap. 20:10

"Entonces hubo una guerra en el cielo: Miguel y sus ángeles luchaban contra el dragón. Luchaban el dragón y sus ángeles, pero no prevalecieron ni se halló ya lugar para ellos en el cielo... **Su cola** (del dragón) **arrastró la tercera parte de las estrellas del cielo y las arrojó sobre la tierra**" Ap. 12:7-8, 4a

De lo que dice en el Ap. 12:4 es de donde entendemos que un tercio de todas las huestes cayó junto con Lucifer, éstos fueron los que se convirtieron en los demonios. Los otros dos tercios están, respectivamente bajo las órdenes del Arcángel Miguel, el líder de los guerreros (distorsionado su nombre en las mitologías como si fuera Marte) y Gabriel, el líder de los mensajeros (distorsionado su nombre en las mitologías como si fuera Mercurio).

Entiendo también que esta batalla entre Miguel y el Adversario (y ese es el significado de Satán, mientras que el significado de Diablo es el de Calumniador) ha sido algo continuo desde que éste último se rebeló, dejándonos Dios ver varios episodios de esa batalla en diferentes lugares de la Biblia, por ejemplo, ahora recuerdo aquel en el que contendían por el cuerpo muerto de Moisés, y dice así en la Epístola de Judas el medio-hermano de Jesús:

"**Cuando el arcángel Miguel luchaba con el diablo disputándole el cuerpo de Moisés, no se atrevió a proferir juicio de maldición contra él, sino que dijo: «El Señor te reprenda»**"
Judas versículo 9b

También se podría decir que la caída de Lucifer ha sido gradual, primero confinando a todas sus huestes a este lado del universo, impidiéndoles cruzar esas aguas que dividen este universo del lugar en donde mora Dios, ya que el único capaz de seguir yendo y viniendo hasta ahora sigue siendo el diablo, como cuando acusaba a Job y se indica que también a los justos los acusa aún delante de Dios:

"**Acudieron a presentarse delante de Jehová los hijos de Dios, y entre ellos vino también Satanás... Respondiendo**

Satanás a Jehová, dijo: —¿Acaso teme Job a Dios de balde?" Job 1:6b-9

Aquí vemos al Adversario acusando a Job de comodidad... Pero más adelante vemos que ya no se le va a permitir hacerlo nunca jamás, por eso digo que él va cayendo gradualmente hasta lo más bajo que es posible caer:

"**«Ahora ha venido la salvación, el poder y el reino de nuestro Dios y la autoridad de su Cristo, porque ha sido expulsado el acusador de nuestros hermanos, el que los acusaba delante de nuestro Dios día y noche**" Ap. 12:10

Entonces asumimos que aún ahora, aún ante la presencia de Cristo a la diestra de Dios, este infeliz Adversario, sigue acusando a los que le creen a Dios, en este caso, para tumbarles recompensas a los renacidos, pero vendrá el día, por allá por el futuro tiempo descrito en el Apocalipsis, en el que ya no será jamás capaz de hacerlo otra vez: ¡Alabado sea Dios por eso!

En mi siguiente transparencia presento otra de las consecuencias iniciales de la rebelión de Lucifer: la extinción de los dinosaurios debida a ese bombardeo sobre todo el planeta de meteoritos a gran velocidad, y hasta de asteroides, dicen otros, hechos de agua, como a evidencia de un gran impacto en el área de Chicxulub, estando ahora mitad del cráter en tierra firme y la otra mitad bajo las aguas del Atlántico en la parte Noreste de la Península de Yucatán.

El hecho de que la mitad de esta gran depresión formada por el cráter esté dentro del agua marina (y la otra mitad abarca precisamente la mitad de un círculo del esa gran área NE de Yucatán; cuando se hace topografía de radar, dice allí la información, se descubre que el anillo exterior del cráter tiene 180 km de diámetro), para mí es un buen caso experimental en el que si se analiza el suelo del cráter que está en la tierra seca y si se compara con el suelo que hoy nos queda bajo el mar, todos los métodos de datación atómica contemporáneos darán unas medidas muy diferentes, datando una mucho mayor antigüedad supuesta para aquellas muestras tomadas dentro del mar comparadas con las otras de fuera del mar.

La transparencia también indica que las múltiples "dolinas" inundadas (esos huecos, llamados también Cenotes Sagrados Mayas) alrededor del cráter, sugieren la presencia de una antigua cuenca oceánica; es decir, que el impacto meteórico originalmente impactó aún atravesando el agua, tal vez de un gigantesco ago de aguas dulces que cubría aquella zona.

En fin, la transparencia nos muestra el gran cráter formado por el impacto de ese meteorito en el área de Chicxulub así como un fragmento que indica que al caer ese gran meteorito cargado de agua sobre la tierra, desprendió también iridio, que se puede identificar dentro de un franja café verdosa observarse en la arcilla que se encuentra en el área de impacto (franja a la que técnicamente se le llama la K-Pg por: Cretáceo-Paleogene); la información allí presentada dice que fue precisamente esta franja (que se puede encontrar en prácticamente todo el mundo) la que dio inicio a la investigación de Walter Álvarez referente a "la teoría del impacto" (según le llaman ellos); luego presento una animación de impacto, en la que se ve que un cuerpo relativamente pequeño impactándose sobre el suelo a gran velocidad, puede producir un gran cráter como el que vemos en Chicxulub.

Aparte del iridio, otra confirmación del fuerte impacto consiste en la presencia de cuarzo, el cual también se forma ante la presencia de agua (el agua del gran lago que allí existía aunada a la del mismo meteorito) y una alta temperatura, en este caso a consecuencia del impacto.

La siguiente transparencia presenta más evidencias mundiales del mismo tiempo que la caída de este meteorito sobre Yucatán, algunos otros lugares que se ejemplifican con fotos debido a tener visible la mencionada franja K-Pg son: *"Badlands"*, cerca de Drumheller, en Alberta, Canadá; luego se pone el ejemplo más distante de los túneles de Geulhemmergroeve, cerca de Geulhem, Holanda; presente también en la formación llamada de *"Hell Creek"* y en el *"Parque Estatal del Lago Trinidad"*, ambos en Colorado, USA, y ya para terminar, se observa un ejemplo cuantitativo tomado de una roca de Wyoming, USA, en donde la capa de arcilla intermedia posee mil veces más iridio que las capas superior e inferior.

La siguiente transparencia nos indica algo que ya se había comentado brevemente antes acerca de cómo es que toda esa gran cantidad de vegetación prehistórica, principalmente, pero también todos esos grandes dinosaurios que quedaron sepultados, son la razón original más factible para la formación de petróleo, y se ejemplifica cómo es que algunas empresas petroleras de los EUA utilizan precisamente el emblema de un dinosaurio (tales como la Sinclair de Pennsylvania, motor oil, de la que su lema es: *"Mellowed 100 milllion years"*, es decir: *"Madurada durante 100 millones de años"*; claro, cuando uno observa las escrituras se da cuenta que la extinción de los dinosaurios fue un acto súbito y repentino debido a ese bombardeo de meteoritos, cometas y asteroides saturados de aguas saladas, que según lo que yo entiendo de la Biblia sucedió hace unos seis mil años; es decir, que los dinosaurios mismos pudieran haber estado existiendo durante muchos años más antes que esta extinción de los mismos ocurriera; la otra compañía que usa otro dinosaurio gran herbívoro como la anterior es, o fue la *"MegOil Petroleum, Inc"*).

Luego se observa uno de los dibujos, en el que se ve que encima de rocas porosas de dos clases se encuentra la capa de petróleo, y encima de esta la capa de gas natural, seguida de la roca no porosa que es precisamente la que funciona como tapón, evitando que ese gas se escape a la atmósfera evaporándose, que es algo que es más común que suceda en el permafrost de los polos con los gases naturales que escapan con una mayor facilidad, los cuales se forman en ese caso de la descomposición de la gran vegetación y grandes mamíferos del segundo diluvio de toda la tierra que sucedió en los días de Noé, lo que veremos más delante.

Esta transparencia del petróleo la ilustro con la siguiente escritura que describe esa gran catástrofe que mató a los dinosaurios:

"En el tiempo antiguo fueron hechos por la palabra de Dios los cielos y también la tierra, que proviene del agua y por el agua subsiste, por lo cual el mundo de entonces pereció (*apoleto*) **anegado en agua"** 2 Pe. 3:5b-6

Y en esta escritura de Pedro se observa que todo lo que respiraba en el tiempo que allí se describe "pereció", lo cual no se podría aplicar al diluvio posterior de Noé en el que no todo "pereció", sino que gracias a la obediencia de Noé, los mamíferos, las aves y los reptiles que conocemos ahora sobrevivieron, no así con los dinosaurios que no pudieron ser protegidos por humano alguno ya que no había humano alguno como nosotros para protegerlos.

Luego pongo otra transparencia con esta palabra griega, después de la que contiene a la anterior, también en griego, para otra escritura que nos ayudará a entender mejor lo absoluto de este "perecer":

"Absolutamente no (*ouk*) **es la voluntad de vuestro Padre que está en los cielos que se pierda** (*apoletai*) **uno de estos pequeños"** Mt. 18:14b

Aquí se habla de que Dios no desea en lo en absoluto que se pierda uno sólo de éstos pequeños; así en la anterior al decir que completamente todo pereció, sin quedar nada que tuviera vida.

Luego incluyo evidencia de cómo dinosaurios que caminaban sobre la superficie, ante la presión del impacto de éstos meteoritos y las corrientes que ocasionaron, terminaron al fondo del océano, y es por eso también que en lugares como el golfo de México, que muestra el orificio causado por otro impacto aún mayor que el de Yucatán, se puede extraer petróleo debido a que las plantas y animales que estuvieron antes en la superficie, habían quedado sepultadas debajo de las aguas del océano; pero la evidencia que elegí dice lo siguiente:

"¿Cómo es que un dinosaurio altamente blindado terminó al fondo del océano?, y firma como autor Alasdair Wilkins, 01/30/2012: Un esqueleto completo (con todo y las falanges que son difíciles de preservar ¡así como su contenido estomacal, que consistió de pisolithus) de Anquilosaurio (Nodosaurio) fue descubierto en la mina de las "Arenas Petrolíferas de Suncor Milleniun", cerca del fuerte McMurray, en Alberta, Canadá; el fósil se encontró en… un depósito marino …(y) representa a un animal terrestre que quedó sepultado en el fondo del mar aproximadamente a 200 kilómetros de la costa paleolítica más cercana…"

Evidencia adicional de que sufrió una presión muy intensa es que quedó él mismo impreso con escamas de formas alternantes del tipo diamante y hexagonal de algún otro animal que quedó pegado sobre este.

A continuación incluyo la escritura de la luz superior a la luz del sol y las estrellas, como preámbulo de la que toca directamente nuestro tema:

> *"Dijo Dios: «Sea la luz.» Y fue la luz"* Gn. 1:2

Remarcando este punto: la luz que aquí se menciona es una luz diferente de aquella que nosotros conocemos gracias al sol y a las estrellas ya que esa luz solar y estelar había quedado obliterada por la rebelión de Lucifer y por las aguas que invadieron a todo el universo de aquel entones que era bastante más estrecho comparado con el actual que sigue en expansión, cual tienda de campaña para descansar, como lo veremos más adelante.

Y ahora sí, llegamos a una escritura fundamental para este tema:

> *"**Luego dijo Dios: «Haya un firmamento en medio de las aguas, para que separe las aguas de las aguas.» E hizo Dios un firmamento que separó las aguas que estaban debajo del firmamento, de las aguas que estaban sobre el firmamento. Y fue así. Al firmamento llamó Dios «cielos». Y fue la tarde y la mañana del segundo día***" Gn. 1:6-8

Este firmamento es el espacio exterior que iría creciendo, expandiéndose, para ir alejando a la mayoría de esas aguas que habían anegado al universo de entonces, y sigue expandiéndose como un gran balón rodeado de agua, las aguas de este lado del firmamento son las de nuestros océanos, lagos y ríos, así como las del subsuelo y las que se integran en las nubes para volver a caer sobre la tierra de manera cíclica, en cambio, las aguas que están sobre el firmamento o sobre los cielos, es decir, el espacio exterior, son precisamente las que rodean al universo entero, y por encima de ellas es donde mora Dios.

Ahora, la maravilla de la multiforme sabiduría y revelación de Dios es que esto pudo haber sucedido en dos escalas, como casi siempre todo lo de Dios funciona: que nuestra atmósfera terrestre también quedara rodeada por una mono-capa de esa agua que había venido desde lejos para inundar al sistema solar, lo cual tiene sentido cuando se acumula toda la evidencia de las condiciones que prevalecían en aquel entonces; e igualmente que el universo entero, al irse expandiendo, haya ido expeliendo esa agua para que se reintegrara a aquella que lo rodeaba por completo.

Evidencia indirecta de que existió una cubierta de agua alrededor de nuestra atmósfera que se precipitó hacia adentro de la tierra a través de los hoyos de ozono es la longevidad humana y el sobre-crecimiento de los mamíferos, lo cual se pudiera explicarse al bloquear esa mono-capa de agua extra-atmosférica tanto a los dañinos rayos UV como a los rayos X, dejando pasar solamente la luz visible; además, la presión, la temperatura, y los niveles de oxígeno y de dióxido de carbono eran bastante más elevados.

Además, dado que toda la tierra había quedado sumergida en agua, siguió hasta los días de Noé como si hubiera sido una gran esponja, que dada la protección señalada más arriba, iba evaporando esa agua contenida regando con el rocío a toda la vegetación existente desde el ecuador a los polos, ya que:

¡La Biblia nos dice que no había llovido desde la creación del hombre hasta los días del diluvio de Noé en que comenzaron a caer las primeras gotas desde el cielo!

Capítulo 6

El lugar donde mora Dios

Luego, viene una escritura que, para mí, cada que la veo o la recuerdo me deja bastante impresionado:

"**Él está sentado sobre el círculo de la tierra, cuyos moradores son como langostas; él extiende los cielos como una_cortina** (*kad doq*: *un velo*), **los despliega como una tienda para morar**" Is. 40:22

Dice aquí que Dios está sentado por encima, dice el texto, de círculo de la tierra, dando a entender claramente aquí que la tierra es redonda, mucho antes de que los científicos lo llegaran a entender; luego dice que extiende los cielos como una tienda, y se refiere a esa costumbre de cargar en las espaldas muy bien enrollada una tienda de campaña para pasar la noche, que al expandirla era adecuada para hospedar en su interior al portador, en este caso, con este versículo, Dios nos está diciendo claramente que el universo, cual esa tienda de descanso, está en expansión, y que su propósito futuro es: ¡para que todo él sea habitado por nosotros! Que yo lo entiendo hasta ese tiempo cuando nosotros primeramente tengamos nuestro cuerpo espiritual: ¡oh maravillas de la revelación divina viviente y latente en nuestros corazones!

Luego pongo, en mi presentación, un dibujo que hice para uno de mis artículos científicos (sobre el "*quantum*" del código genético), en el que se observa que Dios comenzó con la expansión del universo, justamente como una necesidad para alejar las aguas que anegaban a nuestro sistema solar.

Luego pongo la siguiente gran escritura que corrobora lo que estamos viendo de que hay aguas sobre los cielos:

"**Alabadlo, cielos_de_los_cielos** (*seme has shamayim*) **y las aguas que están sobre_los_cielos** (*meal has shamayim*)" Sal. 148:4

De acuerdo con las otras escrituras que hemos visto, los "cielos de los cielos" que se mencionan primero corresponden al espacio exterior donde moran todas las estrellas y cuerpos celestes, y al mencionar a "las aguas que están sobre los cielos", se refiere a esas aguas que rodean a todo el espacio exterior, es decir: ¡que rodean a todo el universo!

Ahora, otra maravillosa escritura que también nos indica que el universo está confinado o circunscrito es la siguiente:

"**Cuando** (*Dios*) **formaba los cielos, allí estaba yo** (*la sabiduría*)**; cuando trazaba el círculo sobre la faz del_abismo** (*te howm*)" Pr. 8:27

Aquí tenemos a Dios trazando con gran sabiduría el límite interno de lo que aquí se llama el "abismo", que, dado que se menciona después de "los cielos", entonces se refiere a eso que evita (a esa "membrana", cual un balón inmerso por un nadador dentro de una alberca; en este ejemplo, el universo quedaría dentro del balón y la morada de Dios fuera de la alberca) que se desborden de manera natural esas aguas que rodean al universo.

Y aquí tenemos una escritura más que nos ilustra acerca de esa infinita sabiduría de nuestro gran Dios:

"**Pero ¿es verdad que Dios habitará sobre la tierra? Si los_cielos** (*has shamayim*), **y los cielos de los cielos** (*husheme has shamayim*), **no te pueden contener; ¿cuánto menos esta Casa que yo he edificado?**" 1 Re. 8:27

Aquí, esos primeros "cielos" se refieren a nuestra atmósfera terrestre, y "los cielos de los cielos" se refiere a ese espacio exterior dentro del universo, por encima o fuera de nuestra propia atmósfera terrestre, y al decir que estos cielos del espacio exterior no pueden contener a Dios, claramente se entiende que Dios no mora dentro de este universo sino fuera del mismo, por encima de las aguas que rodean al universo.

Ahora, la evidencia bíblica de una "Pangea" que evidentemente ya se comenzaba a resquebrajar ante la gran presión de las aguas que extinguieron a los dinosaurios, se puede observar aquí:

"Dijo también Dios: «Reúnanse las aguas que están debajo de los cielos en un solo lugar, para que se descubra lo seco.» Y fue así. 10 A la parte seca llamó Dios «tierra», y al conjunto de las aguas lo llamó «mares». Y vio Dios que era bueno (towb)**"** Gn. 1:9-10

Aquí vemos que ese gran bloque de tierra se quedó sin toda esa agua que lo cubría, ¡ante la orden misma de Dios! (por eso leemos que dice que Él le fijó sus límites naturales a las aguas de los mares). Recordemos que aquí es Dios quien está reordenando al universo, y que al ver que la tierra queda libre de toda esa agua y que esos mares la respetan, dijo que todo eso era bueno, ¡que le había quedado bien!.

Luego leemos una maravillosa escritura sobre la esfericidad de la tierra, y acerca de la clase de nubes que existen tanto aquí sobre la tierra como allá en el lugar donde mora Dios, las que evidentemente se forman debido a la presencia de esas aguas que rodean al universo:

"Él extiende el Norte sobre el vacío, cuelga la tierra sobre la nada. Encierra las aguas en sus nubes, y las nubes no se rompen debajo de ellas. Él encubre la faz de su trono y sobre él extiende su nube" Job 26:7-9

Cuando se haba aquí de "el Norte" se refiere al lugar de la morada de Dios, debido a que está en la dirección que apunta la estrella "Polaris" (*"Alpha Ursae Minoris"*, pero como ya hemos dicho, del otro lado del universo), el punto de referencia en el cielo despejado para ubicar al Polo Norte celestial; pues aquí dice que Dios extiende su planeta o ciudad celestial sobre el vacío, por lo que entendemos que está flotando por encima de las aguas que rodean al universo (que coincide con lo que dice desde el principio: que el espíritu de Dios "sobrevolaba" por encima de las aguas, refiriéndose a esas aguas que rodean al universo, que en ese entonces habían inundado por completo a dicho universo):

"...**el espíritu de Dios se movía sobre la faz de las aguas**" Gn. 1:2b

Luego, al decir en Job 26:7 que Dios cuelga la tierra sobre nada, esta diciéndonos que la esfera terrestre también, como su propio planeta celestial, flota en el espacio exterior sin estar sostenida o apoyada sobre nada, aquí se ve la gran diferencia de la visión bíblica y verdadera, al ser comparada con lo que pensaban los pueblos paganos, desde los hindúes que la imaginaban descansando sobre animales diversos, tales como tortugas gigantescas, hasta los griegos que pensaban que un gigante lleno de fuerza: el dios "Atlas" la sostenía en sus espaldas.

Luego se nos explica que las nubes, tanto las terrestres como las del otro lado de universo donde mora Dios, pueden soportar al agua sin romperse, luego termina diciendo que Dios esconde, allá donde mora Él, a Su propio trono con una nube, evidentemente de las de allá muy pero muy arriba.

Luego nos encontramos con una elipse reveladora del lugar de donde procede nuestro triunfo máximo:

"**Ni de oriente ni de occidente ni del desierto viene el enaltecimiento, pues Dios** (*Elohim*) **es el juez; a éste humilla, y a aquél enaltece**" Sal. 75:6b-7

El "desierto" se encontraba en el sur, por lo que se están dando tres puntos cardinales y se deja el cuarto como elipse para que uno mismo la deduzca, tal y como lo hizo E. W. Büllinger cuando dijo:

"Por lo tanto (la exaltación, aquí llamada, pero en el buen sentido: "enaltecimiento") viene del norte. El lugar inmediato del Trono de Dios, el cual Satán ambiciona" (The Companion Bible).

En el versículo del Sal. 75:7 aprendemos otra cosa importante, que según las definiciones de Dios mismo, otro de los atributos de Elohim es el de ser "El Juez", y esto es muy importante, como veremos más abajo, ya que esa es la palabra precisamente que Dios opta por usar cuando le advierte a Noé que Él, Elohim, va a "destruir" la vida en la tierra mediante un diluvio global que la cubrirá a toda ella; algunos han tratado "mojigatamente" de exonerar a Dios de esta acción, como diciendo que fue Él sino que los demonios causaron el "diluvio universal", sin embargo cuando toda la evidencia es puesta sobre la mesa, como más adelante veremos, se descubre que en realidad fue un acto de bondad y de compasión a favor de la humanidad por parte de Dios mismo lo que provocó todo esto, como cuando hizo lo mismo contra Sodoma y Gomorra, y como lo que va a hacer en el futuro que describe el Apocalipsis cuando Dios mismo va a arrojar fuego del cielo para consumir solamente a los humanos malignos que bajo la dirección de Satán intentarán destruir a la santa ciudad donde va a estar Jesucristo con los suyos.

Otras dos tremendas escrituras que hablan sobre esas mismas alturas de Dios son las siguientes:

"¿No está Dios en lo alto de los cielos? ¡Mira lo encumbrado de las estrellas, cuán elevadas están!" Job 22:12

Aquí, básicamente dice que Dios está en lo más alto de los cielos, es decir, más allá de este universo, y luego dice este instruido *"consolador molesto"* contra Job, y para hacer su punto remata diciendo, algo así como: ¡y date cuenta de lo alto que están las más altas (es decir las más lejanas) estrellas en el universo, pues Dios está aún más lejos!

"Pero (*Esteban*), **lleno_de_espíritu_santo** (*pleres pneumatos hagiou*)**, puestos los ojos en el cielo, vio la gloria de Dios y a Jesús que estaba de_pie** (*hestota*) **a la diestra de Dios"** Hch. 7:55

Aquí, quisiera enfatizar desde ahora que las palabras "espíritu santo" como se usa en el N.T. son neutras y la mayoría de las veces carecen del artículo, por lo que se refieren al don de Dios, su naturaleza en nosotros, que es lo único que nos puede llenar, y no se refieren a un "ser" o "persona" misma, ya que entonces eso sería una "posesión diabólica", lo cual jamás es cuando se usa el don del santo espíritu de Dios en nosotros, el uso del cual siempre está supeditado a nuestra libre voluntad, jamás fuera de nuestra propia decisión y albedrío.

Así también cabe señalar que en el texto griego se dice que Jesús estaba "de pie", lo cual se olvidan de traducir en varias versiones, con esto Dios está enfatizando que Jesús estaba bastante molesto con lo que estaba sucediendo, pero de nuevo, estaba respetando la libre voluntad de las personas, uno de los asesinos, Saulo de Tarso, después se va a convertir cuando a su tiempo Jesucristo mismo lo llame, ¡y se convertiría en el Apóstol más activo y dinámico que jamás haya existido!

Pero vean, aquí se dice que a Esteban le fue dada una tremenda visión de Jesucristo allá a la diestra de Dios mismo, en aquel lejano lugar: ¡más allá de este universo y de las aguas que lo rodean!

Luego nos encontramos con una escritura fascinante ya que dice una gran verdad aún cuando el que habla es uno de los más malos seres que han existido sobre la tierra, malísimo pero al menos con la instrucción adecuada respecto a este punto que estamos tratando, por lo que él dice es la pura verdad en este aspecto "geológico" o de localización:

> "Di al gobernante de Tiro: "Así ha dicho Jehová, el Señor: »"Tu corazón se ensoberbeció, y dijiste: 'Yo soy un_dios (*el*), y estoy sentado en el trono de Dios (*Elohim*), en medio de los mares'; pero tú eres hombre, y no un_dios (*el*), y has puesto tu corazón como el corazón de Dios (*Elohim*)" Ez. 28:2b

Aquí también quisiera aclarar que el nombre de Dios con el atributo de *"Jehová"* significa *"El Dios Fiel"*, cuando Dios dice que ese es su nombre, lo que Él significa es que eso es lo que es para nosotros, y una traducción aún más precisa pero más larga sería: *"Yo Soy el que Soy y Seré el que Seré"* (en el sentido de que lo que sea que tu necesites que Yo sea para ti, ¡eso es lo que Yo seré!, ¡así lo ha dicho Él!) es un nombre que no es marca registrada de ninguna institución ni es obligatorio usarlo, ya que Dios conoce nuestro corazón cuando nos dirigimos directamente a Él, sin decirnos: *"no, yo no te escucharé a ti porque no me estás llamando con el nombre "correcto""*, no: ¡Dios no es así!

La otra palabra que se traduce como *"Señor"* es *"Adonay"* que tiene la connotación del líder máximo, de la suprema autoridad, del propietario absoluto.

Luego lo que sigue es tremendo, ya que el diseño de la frase por parte de Dios mismo es en forma de alternancia, en la que por dos veces se refiere a ese infame "rey de Tiro" como diciéndole que aunque se siente como un dios de manera genérica o general (y por eso se usa la palabra hebrea *"el"*), que él no lo es, y este doble uso de *"el"* se contrasta con el uso de *"Elohim"*, que es lo que ese rey está diciendo que él es: ¡está diciendo que él es el mismísimo Dios que creó el universo! Y es que, como se ve más adelante si se sigue leyendo este capítulo, Satanás mismo estaba influyendo o aún poseyendo a ese rey de Tiro, por lo que el que realmente se estaba sintiendo como si fuera Dios, y así se quiere sentir él y engañar a los más que pueda: ¡era el mismísimo Diablo!

Y cómo era conocimiento general en aquella época, que el Dios verdadero del cielo estaba morando por encima de las aguas, es decir que su planeta flotaba en el vacío, a cierta altura, pero flotaba sobre las aguas que rodean al universo, esto hacía que al voltear alrededor por todos lados, lo único que más de inmediato veía eran esas aguas, y este rey malsano intentó imitar ese aspecto de Dios mediante el establecerse en una isla que en esa época estaba rodeada por agua por todos lados: ¡la isla de Tiro!

Otro aspecto importante que corrobora con la escritura la ubicación exaltada de la morada de Dios es que Él puede a voluntad congelar esas aguas que están, algo distantes, pero que están por debajo de su planeta o de su santa ciudad, y si Él lo desea para variar un poco de la rutina, morar por algún tiempo en alguno de aquellos lugares volátiles de su propia inventiva y diseño, he aquí esa sorprendente escritura con aún mayor riqueza que lo que alcanzaremos a ver aquí:

"Establece (*Dios*) **sus aposentos entre las aguas, el que pone las nubes por su carroza, el que anda sobre las alas del viento"** Sal. 104:3b

Todo esto a lo que aquí se refiere se aplica primeramente a su morada celestial, por lo que esas aguas son las aguas de arriba, las que rodean al universo, esas nubes también son las nubes que se forman a partir de esas aguas celestiales, lo mismo se podría decir de aquel viento; aquí básicamente se describe la manera en la que nuestro Dios se mantiene activo por allá arriba en su morada celestial, con lo que Él se divierte, en lo que Él se entretiene. Y desde luego, si Él quisiera, Él podría llegar a hacer también eso aquí sobre la tierra, pero como aún no se viene a vivir sobre la tierra (pero Él lo hará como dice el final del libro del

Apocalipsis, y lo hará para quedarse aquí a vivir sobre la nueva tierra: ¡para siempre!), allá es donde esto sucede de manera común o frecuente.

Evidencias adicionales de que este versículo se refiere a lo que sucede allá arriba en la morada de Dios y sus inmediaciones, es que justo antes de que se diga esto se dice que Dios:

"Extiende los cielos como una cortina" Sal. 104:2b

Y como ya hemos visto, esto se refiere al universo en expansión, y aquí se nos dice que eso sucede por la voluntad y con el poder de Dios, de otra forma no podría suceder, ya que la Biblia también nos da el testimonio de que antes no era necesaria esta expansión sino hasta que fue necesario remover las aguas que habían invadido a todo el universo. Y justo después de nuestro versículo en consideración (Sal. 104:3), se nos dice lo siguiente:

"El que hace a los ángeles (*malakaw*) **sus servidores** (*maserataw*) **fuego** (*es*) **llameante** (*lo het*)..." Sal. 104:5ª

Y desde luego, en su morada celestial está en constante contacto con sus "malaquías"; es decir, con sus "mensajeros" llamados "ángeles", los cuales le sirven incondicionalmente, son sus "maseratis", y aún capaces de convertirse, a su orden en "fuego llameante", en generadores de calor para lo que sea necesario; esto entonces también nos aclararía que la zarza que ardía sin quemarse, bien pudiera haber sido un ángel convertido en llamas por la orden divina, y también desde luego, el ángel mismo no se consume al hacerlo.

Finalmente, concluí la primera parte de mi presentación en inglés en Houston, TX, el 2 de mayo del 2015 (y en español, el 9) con la siguiente escritura:

> **"Después** (el ángel) **me mostró un río limpio, de agua de vida, resplandeciente como cristal, que fluía del trono de Dios y del Cordero"** Ap. 22:1

Esto nos indica que por siempre Dios gusta de vivir rodeado de aguas, y de hecho, Él mismo es el generador, junto con su hijo, de esas futuras aguas de vida que van a dar vida a todo aquel que las beba, a prolongar su vida biológica en buena salud en la humanidad del futuro, ya que para que esa humanidad pase de la fase mortal a la inmortal como espíritu vivificante, la escritura nos muestra que será necesario por libre voluntad y una vez obtenido el derecho a ello: ¡comer del árbol de la vida! Ese mismo y buen *"árbol de la vida"* que estaba en el Paraíso o Edén al lado del otro nefasto *"árbol del conocimiento del bien y del mal"*. Ah, y sin olvidar que las hojas del árbol de la vida son para la sanidad de las naciones.

Un par de puntos que quisiera poner aquí para terminar este capítulo:

1) Recordar que la primera era glacial: ¡fue global! Es decir, que todo el planeta se congeló porque las aguas que lo cubrieron por completo se convirtieron en hielo, y es que pensemos en esto: si el sol quedó cubierto también bajo las aguas universales que exterminaron a los dinosaurios, todo aquello se fue congelando hasta que Dios ordenó que hubiera luz, en parte para derretir esos hielos universales, ese gran bloque de hielo en lo que quedó no sólo la tierra sino todo el sistema solar y el universo entero, que en aquel entonces era de menor tamaño, antes de la expansión para remover las aguas. Y las ilustraciones que pongo son de dinosaurios que están bajo el hielo (usé las palabras de búsqueda en las imágenes de *Google*: *"ice age" "extinction" "dinosaurs"*; y para el segundo punto que sigue en el mismo sitio: *"glacial extinction" "big" "mammals"*).

2) En cambio, la segunda era glacial fue tan sólo parcial, es decir que en el diluvio de los días de Noé, obviamente no todo el globo terráqueo se congeló, sino que solamente los polos que incluso se expandieron un poco más que como están ahora, pero que allí siguen como presentes testimonios de que ese cataclismo planetario fue real, de que en efecto esas aguas se desplomaron desde la parte externa de nuestra atmósfera en la que habían quedado como una mono-capa a consecuencia de la primera inundación universal, y que cuando Dios decidió abrir por primera vez los agujeros de ozono de ambos polos, por allí se desplomaron como gigantescas cascadas las aguas que estaban mucho muy frías por estar en contacto con el espacio exterior, y que al penetrar y caer sobre la tierra se fueron congelando, atrapando a su paso a todo ser viviente que se encontraba debajo, ¡principalmente a los mamuts y sus estepas, y que siguen allí dando su testimonio!

Detalles geográficos comparando a la primera y a la segunda glaciación los presento en el siguiente trabajo: https://web.archive.org/web/20180826185559/https://www.ncbi.nlm.nih.gov/pmc/articles/PMC3445418/ artículo que así mismo traduzco como Capítulo 4 de mi libro: *"El "I Ching" del código genético: Una narrativa personal"*, disponible tanto en su versión electrónica como en *PDF*.

Capítulo 7

Nuestro Dios Elohim El Juez causó el diluvio en los días de Noé

Esto tal vez resulte sorprendente para algún lector como lo fue para mí cuando comencé a investigar este punto. Quisiera abrir con una escritura que habla de que nunca había llovido desde que Dios reordenó el universo y la tierra hasta que se vino el diluvio imparable de las aguas que se encontraban alrededor de nuestra atmósfera a partir de la primera inundación del inicial universo entero que era de menor tamaño:

"**El_Dios_Fiel** (*Yahweh*) **Juez_Creador** (*Elohim*) **todavía no había hecho llover sobre la tierra ni había hombre para que labrara la tierra, sino que subía de la tierra un vapor que regaba toda la faz de la tierra**" Gn. 2:5b-6

Era un vapor de agua, un rocío, lo que a diario regaba la tierra y eso era suficiente. Vemos en la siguiente escritura que esto continuaba desde Gn. 1 hasta los días de Noé:

"**Por la fe** (*creencia*) **Noé, cuando fue advertido por Dios acerca de cosas que aún no se veían, con temor** (*profundo respeto*) **preparó el arca en que su casa se salvaría; y por esa fe** (*creencia*) **condenó al mundo y fue hecho heredero de la justicia que viene por la fe** (*creencia*)" Heb. 11:7

Esas cosas que no se veían según este contexto incluyen una inundación planetaria, nubes, lluvias, arcoíris, estaciones, etc., como veremos más adelante; con toda creencia Noé preparó esa gran arca en la que cupieron todos los prototipos de organismos, es decir que con una pareja de cánidos era suficiente, sin necesidad de meter a sus verdaderas variantes compatibles (lobos, coyotes, dingos, chacales, perros aulladores de Nueva

Guinea, y todas las razas conocidas de perros: a la fecha, unas 270), con una pareja de camélidos era suficiente, sin necesidad de meter a sus variaciones (vicuña, llama, guanaco, alpaca), lo mismo con cualquier otra variante de animales, con una pareja de su prototipo básico era suficiente para obtener a todas las demás, especialmente si Dios le envió todos los animales necesarios a Noé, Dios mismo los preservó con vida dentro del arca.

"**Porque no hará nada el_Dios _Fiel** (*Yahweh*)**, el Señor** (*Adonay*)**, sin revelar su secreto** (*sin antes revelar sus designios, NVI*) **a sus siervos los profetas**" Am. 3:7

Queda claro con esta escritura que Dios no podía causar el diluvio sobre la tierra sin antes haberle avisado a algún humano, en este caso, al único humano que quedaba que había preservado su genética, su linaje biológico sin contaminación con otros animales; la palabra hebrea para esto es "tamim": con pureza e integridad biológica, y también se usa, aparte de Noé, del cordero pascual que tenía que ser también de esa naturaleza.

"**Noé, hombre justo, era perfecto** (*tamim*) **entre los hombres de su tiempo; caminó Noé con Dios** (*Elohim*)" Gn. 6:9

"**El animal será sin_defecto** (*tamim*)**, macho de un año; lo tomaréis de las ovejas o de las cabras**" Éx. 12:5

Esto nos indica que al decir que Noé era "perfecto" Dios estaba diciendo que era un ser humano: "sin defecto", genéticamente íntegro; así lo dice E. W. Büllinger: *""tamim": "sin mancha", es la palabra técnica para la perfección corporal y física, pero no para la perfección moral, por eso es que se usa de la pureza de los animales usados en los sacrificios... Gn. 6:9 no habla de la perfección moral de Noé, sino que nos dice que él y su familia eran los únicos que habían preservado su pedigrí y lo habían mantenido puro, a pesar de la corrupción prevalente provocada por los ángeles caídos*" (Apéndice 26 de "*The Companion Bible*").

Esto correspondería a otro libro que espero preparar como éste, titulado *"Los ángeles de abajo"*, en el que se presenta la verdad bíblica acerca del origen de los Neandertales y todos los otros organismos semejantes a ellos, lo cual se une a esas acciones que aún ahora está llevando a cabo en su confinamiento Abadón o Apolión, y cuyos otros productos se ven de nuevo: dos clases de nefastas criaturas *"míticas"* artificiosamente *"híbridas"* descritas en el Ap. 9, unas que torturan, otras que asesinan, pero eso, como señal, correspondería a otro estudio.

Luego veremos una escritura inicial, de varias que existen, la cual nos indica que Dios mismo toma la responsabilidad por haber causado el diluvio como un acto de limpieza:

"Y miró Dios (*Elohim*) **la tierra, y vio que estaba corrompida** (*nishhatah*)... (*y dijo:*) **Yo_mismo** (*wa ani*) **enviaré un diluvio de aguas sobre la tierra, para destruir** (*lasahet*) **todo ser en que haya espíritu de vida debajo del cielo; todo lo que hay en la tierra morirá. Pero estableceré mi pacto contigo, y tú entrarás en el arca, con tus hijos, tu mujer y las mujeres de tus hijos"** Gn. 6:12a, 17-18

Entonces, aquí vemos que el mismísimo Dios que es Creador y Juez, es también el que envía el diluvio, precisamente como un acto de juicio en contra de la corrupción genética a consecuencia de la maldad de la humanidad.

Más detalles acerca de la responsabilidad de Dios para poner orden en el universo los presento en mi próximo libro con el tema de *"Los ángeles de abajo"*.

Aquí en este texto vemos además algo bastante sorprendente, ya que tanto la palabra hebrea traducida como *"corrompida"*: *"nishhatah"* y la traducida como *"destruir"*: *"lasahet"* proceden de una misma raíz hebrea: *"shachath"* (número de Strong 7843), esto significa que la casi totalidad de la humanidad, excepto Noé, ya eran como muertos en vida, genética y moralmente ya estaban *"destruidos"*, así de que lo único que hace Dios es limpiar la contaminación ya en sí inútil de sobre la faz de la tierra, trayendo esta *"destrucción"* por medio de un diluvio de aguas.

Luego veremos otra escritura que nos indica los alcances de ese diluvio, del que las aguas llegaron a cubrir hasta a las más altas cimas volcánicas existentes sobre la faz de la tierra:

"Con el abismo, como con vestido, la cubriste; sobre los montes estaban las aguas" Sal. 104:6

Y esta escritura, por su contexto, pareciera estarse refiriendo también a la primera catástrofe por inundación de aguas que sobrevino en los días de los dinosaurios, exterminándolos.

Luego veremos la escritura que describe el inicio del diluvio de los días de Noé:

"Aquel día del año seiscientos de la vida de Noé, en el mes segundo, a los diecisiete días del mes, fueron rotas todas las fuentes (*mayenot*) **del gran abismo y abiertas las cataratas** (*arubbot*) **de los cielos, y hubo lluvia sobre la tierra cuarenta días y cuarenta noches"** Gn. 7:11-12

Esto, de una manera sorprendentemente precisa, como solamente Dios puede hacerlo, nos describe que al mismo tiempo sucedieron dos eventos:

1) La ruptura de todas las fuentes del gran abismo y

2) La apertura de las cataratas de los cielos,

Queda claro que la segunda es cuando por primera vez desde que Dios re-ordenara el universo en Gn. 1, permite la apertura de los orificios de ozono que se encuentran sobre los polos terrestres, esto explica el hecho de que los polos se congelaron de súbito, capturando dentro de ellos a todo lo que se encontraba en ese momento aún tropical alimentándose y moviéndose en el área. Esto también nos sugiere que el agua primero comenzó a elevarse en su nivel de abajo hacia arriba, aún antes de que se formaran las primeras nubes, que en realidad no fueron de significancia en estos 40 días y 40 noches de entrada de aguas sobre la tierra a través de ambos polos. Y si esto no fuera suficiente, el primer punto nos indica que todas las fuentes del gran abismo de aguas que se encuentra debajo de la tierra: todas las aguas subterráneas, se abrieron al mismo tiempo, aventando su contenido hídrico como los géiser, potenciando esa elevación de los niveles del agua desde abajo hacia arriba.

En la época de la extinción de los dinosaurios esta ruptura al mismo tiempo de todas las fuentes de las aguas del gran abismo fue aplicable a la ruptura de esa membrana protectora, por decirlo así, que normalmente impide la penetración de esas aguas que rodean a nuestro universo, hacia el mismo, para luego las grandes gotas que se congelaron al paso de ese vasto universo, penetraran por todos los lados de la atmósfera, es decir también rompiéndolos todos; aquí, el hecho de que nuestra Luna esté llena de cráteres, es un indicativo de que parte de ese "granizo" celestial también le cayó a ella, dejándola marcada.

A continuación incluyo otra figura de mi artículo: PMC3271378, en el cual describo la penetración en el caso del diluvio de los días de Noé como penetrando a través de los polos y de allí inundando a toda la tierra; luego a los lados pongo algunos de los grandes mamíferos y otros animales que han sido encontrados congelados en los polos, especialmente en el norte: Está un mamut dentro de un gigantesco cubo de hielo del que solamente sobresalen sus grandes colmillos, y luego se ve un bebé mamut de piel deshidratada a quien una niñita de facciones asiáticas está tocando de la cabeza, luego a la derecha se ve un gran toro de largos cuernos, semejante a los bisontes africanos, y la descripción pictórica de que también se han encontrado debajo del permafrost, aparte de mamuts y bisontes, los siguientes animales: caballos (*Equus*), ovejas (*Ovis*), y roedores pequeños: *Microtus* y *Ellobius* y aves del tipo *Lagopus*.

Además, a la izquierda pongo un gráfico que muestra como todas estas plantas y animales que quedaron atrapados dentro del permafrost (también llamado permahielo, gelisuelo, permagel o permacongelamiento), el cual en algunos lugares llega hasta un espesor de 1.61 km (1 *milla*) de grueso, al descomponerse producen y emiten gas metano, el cual se escapa a través de dicho permafrost, incluso en el caso del permafrost que quedó debajo del Oceano Ártico (el cual abarca unos 14.06 millones de km^2).

Luego pongo una transparencia en la que se ve una cascada tremenda y gruesa, que es como yo visualizo la entrada de esas aguas que rodeaban a la parte externa y fría de la atmósfera, haia dentro de los, entonces tropicales, polos, y allí digo lo que ya he señalado aquí:

Algunas de las aguas que habían llegado del espacio exterior (procedentes de las aguas que rodean al universo) desde la extinción de los dinosaurios, se encontraron con una barrera en nuestra atmósfera externa y formaron una "mono-capa" alrededor de ella, algunos la llaman *"el Dosel"* ("*the canopy*"); entonces, cuando las ventanas del cielo (en hebreo: *"arubbot"*: *"compuertas"*, *"chimeneas"*, es decir: *"los hoyos de ozono"*) fueron abiertas (heb.: *"pathach"*) en el momento del diluvio en los días de Noé, esas aguas entraron como una gruesa y enorme cascada a través de ambos polos, formando inmediatamente el permafrost, y atrapando dentro de la nieve y del hielo a cuanta vida encontraron a su paso. Y esto sucedió al mismo tiempo que las fuentes de los géiser de toda la tierra comenzaron a aventar agua al mismo tiempo.

Luego, como lo hice en el caso de los dinosaurios, pongo ejemplos de los grandes mamíferos terrestres que quedaron ahogados en esa catástrofe ordenada por Dios, y los comparo con el tamaño de los humanos: el *Indricotherium* (un gran rinoceronte sin cuerno de unos siete metros de largo), el *Mammuthus columbi* (el mamut), el *Megatherium* (perezoso gigante), y el *Smilodon* (tigre dientes de sable). Aquí siempre me gusta recordar, que aún cuando grandes mamíferos murieron debido al diluvio de Noé, todos sus prototipos de tamaño normal no alterados sobrevivieron, ya que le fueron enviados a Noé directamente de la mano de Dios, en estos ejemplos: rinocerontes, elefantes, perezosos y felinos. Por lo tanto, se podría considerar que los mamíferos de tamaños descomunales eran alteraciones genéticas antinaturales de algún tipo.

En este punto me gusta recordar que aún tenemos con vida a unos de los más grandes animales que han existido sobre la tierra, más grande que cualquiera de los grandes mamíferos extintos: la ballena azul, cuya hembra llega a medir 25 metros y a vivir unos 110 años.

También, como vimos brevemente antes, de los grandes mamíferos extintos en este diluvio de Noé aprendemos que los continentes ya se estaban separando, pues a pesar de que vemos mamuts tanto en Norteamérica (la variedad "Columbia") como en el norte de Europa y de Asia (Siberia, la variedad "Lanuda"), los restos de otros se encuentran localizados por áreas, por ejemplo, más específicos de Norteamérica tenemos al (dados mediante sus nombres comunes): mastodonte, camello de ayer, al tigre (o "gato") dientes de sable, a los grandes perezosos terrestres, incluyendo al llamado "gigante", así como al llamado "shasta".

En el caso de los grandes mamíferos extintos de Europa y del Norte de Asia tenemos al: oso de las cavernas, el ciervo gigante y el rinoceronte lanudo; si luego nos vamos Sudamérica, allí encontramos que existieron: el gliptodonte, la litopterna y los notoungulados; finalmente, y tan sólo como ejemplos, en Australia tenemos que existieron los siguientes: el diprotodonte, el canguro gigante y su primo el canguro de cara corta en sus dos variantes: normal y gigante, y el león marsupial, etc.

Capítulo 8

En busca del arca de Noé

Este tema esta principalmente enfocado en la mejor exploración que considero yo se ha llevado a cabo para descubrir el arca de Noé.

Antes de decir la principal referencia que yo estoy usando para este estudio, quisiera comentar que mi descubrimiento aquí ha sido que el significado de la palabra hebrea *"gofer"*, según la entiendo yo, significa *"madera petrificada"*, y se encuentra en el siguiente versículo:

"Hazte un arca de madera de gofer (*gofer*)**; harás aposentos en el arca y la calafatearás con brea** (*kofer*) **por dentro y por fuera"**
Gn. 6:14

Es así notable aquí que las dos palabras relacionadas con productos derivados del primer diluvio universal terminan con *"-oper"* que en hebreo corresponden a las letras: *"fay"* y *"resh"*: lo que sería la brea, como un petróleo grueso, pegajoso y espeso; y las maderas petrificadas, que seguramente abundaban cercanas al área de fabricación del arca.

Además, la palabra *"calafatearás"*, que en hebreo es *"kaparta"*, es una palabra derivada precisamente del heb. para *"brea"*: *"kofer"*, de la que leemos que literalmente significa *"rescate"*, de la raíz *"kapher"* (*"cubrir"*), traducida como *"brea"* solamente aquí. Noé también aplicó brea al interior del Arca – tal vez como preservativo, o para hacer el interior más resistente al ataque de hongos… Noé pudiera haber usado betún (*"bitumen"*) de los depósitos de petróleo (que resultaron de la descomposición de los dinosaurios), lo que hubiera proporcionado un interior obscuro.

Ese calafateo por dentro y por fuera, ya que por dentro tenía que ayudar a que resbalara la orina animal, la que también como veremos más adelante, tenía que tener alguna forma de ser evacuada a la parte más baja del arca, y por fuera, a que resbalara el agua del diluvio.

En la transparencia que acompaña a este versículo de Gn. 6:14 pongo imágenes de unas siete diferentes piezas de madera petrificada encontradas, presumiblemente flanqueando el arca, una de las más impresionantes demuestra los troncos de madera verticales, más o menos uniformes, de una altura semejante, y esto es lo que Wyatt comenta de ellos, ya que él estuvo allí analizándolos y fotografiándolos: *"El estribor occidental del Arca exhibe los más definidos armazones de madera"*.

Anexo a la anterior explicación un par de excelentes fotos del fragmento que queda del Arca, en donde se notan claramente sus troncos petrificados verticales, aún cuando estén recubiertos de lodo y musgo.

La siguiente palabra es aquella para *"arca"*, que en hebreo es *"tebat"* (o *"tebah"*), y es un término que sólo se usa en otra ocasión para referirse a la canasta que llevó al bebé Moisés (en Éx. 2:3); ambos eran contenedores físicamente muy diferentes, pero con una función muy similar, por lo que esa palabra pudiera significar algo así como: *"bote salvavidas"*. Ciertamente la Biblia no especifica la forma del Arca de Noé, solamente nos ofrece su longitud, anchura y altura – información básica para cualquier bote. Para un diseñador de embarcaciones, tales dimensiones son inmediatamente reconocibles: ¡Justo como un buque de carga moderno! Las dimensiones del Arca son: 150 x 50 x 30 cúbitos [usando como medida el cúbito Egipcio (que es el que se asume que conocía y que usó Moisés) = 0.52 mt (20.62 pulgadas), lo que nos daría: 157.28 mt (516 ft) de largo, 26.21 mt (86 ft) de ancho, y 15.85 mt (52 ft) de alto] En una transparencia pongo que cuando se comparan estas medidas con el fatídico

Titanic (269 mt, o 882.55 ft), se descubre que el "Arca de Noé" era tan sólo un 58.5% de la longitud de éste. Y claro, todo indica que fue un trabajo inteligente, por lo que su forma era la aerodinámica adecuada para desplazarse sobre las aguas y no una caja cuadrada como algunos han imaginado, la cual hubiera carecido de toda lógica, sentido, aerodinámica y hubiera traído a los animales volando por los aires a cada chapoteo de las mareas, lo cual no es probable.

Aquí nos da los detalles de los múltiples compartimentos, uno para cada pareja de animales, me parece, dentro del arca, aquí traducidos: *"aposentos"*, y que corresponden a la palabra hebrea *"qinnim"* (de raíz *"qen"*), y descubrimos que en el resto de la Biblia significa *"nidos"*, y no hay razón para evitar ese significado aquí. Estando los animales en *"nidales"*, sería inapropiado imaginarlos alineados como en un despliegue de museo, o hacinados todos como en grandes establos. Estas opciones no serían adecuadas para transportar animales. Más bien, hemos de pensar en estrechos *"recintos privados"* en donde a un animal (por parejas) se le haría cómodo el esconderse y descansar.

La referencia importante para las tres definiciones pasadas corresponde a: Lovett, T. *Noah's Ark: Thinking Outside the Box*. New Leaf Publishing Group, 2008, 80 p. ("*El Arca de Noé: Pensando fuera de la caja*, etc.").

Además de esto, un amigo creyente de las Filipinas: Vincent M. Ragay escribió un libro llamado: *"Noah's Ark and the Earth: Rebuilt: Imaging the Past through Faith & Science"* ("*El Arca de Noé y la Tierra: Reconstruida: Imaginando el pasado a través de la fe (o creencia) y la ciencia*"), en el que él dedujo algo que nos parece cierto, que con el fin de que resistiera, los tablones se pusieron formando estructuras verticales cortas en vez de horizontales largas, que serían más fáciles de romper, especialmente ante embestidas de los animales. Al ver los restos que aún se conservan de lo que consideramos que es el arca se confirma esta observación, ya que se ven los troncos petrificados colocados verticalmente.

Pero aquí, la principal referencia que usaré es la del libro casi obliterado aún del internet del fallecido David Allen Deal cuyo largo título en inglés es el siguiente, seguido de su traducción al español: *Noah´s Ark, The Evidence: The Bible, The Flood, Gilgamesh & the Mother Goddess origins. Untying the Knot of the Gordurian Mountains* ("El arca de Noé, la evidencia: la Biblia, el diluvio, Gilgamesh y los orígenes de la diosa madre. Desatando el nudo de las montañas Gordurianas").

A continuación descubrimos los aspectos de las ventanas en el Arca de Noé:

"**Sucedió que al cabo de cuarenta días abrió Noé la ventana** (*hallown: un pequeño cuadro que podía abrir y cerrar*) **del arca que había hecho**" Gn. 8:6

Lo cual se contrasta con esto, que es longitudinal, y la puerta justo en medio del gran y largo "*tragaluz*":

"**Una ventana** (*sohar: una abertura de luz cenital, a todo lo largo del arca*) **harás al arca, la acabarás a un codo de elevación por la parte de arriba y a su lado pondrás la puerta del arca; y le harás tres pisos**" Gn. 6:16

Y a esto último se le cubría con un gran toldo o lona de la misma longitud que dicha abertura:

"**Sucedió que en el año seiscientos uno de Noé, en el mes primero, el primer día del mes, las aguas se secaron sobre la tierra; y quitó Noé la cubierta** (*mikseh: techo portátil*) **del arca, miró y vio que la faz de la tierra estaba seca**" Gn. 8:13

Este *"mikseh"* cubría a lo largo a la *"sohar"* y era diferente que la *"hallown"*; y el hecho de que hubiera habido un "techo" corredizo semejante indica que lo fuerte de las aguas elevó al arca del suelo, habiendo entrado a través de los hoyos de ozono de los polos, aunado a todos los géiser de la tierra aventando agua al mismo tiempo, ya que si la lluvia hubiera sido torrencial debido a las nubes, ese toldo de todo el techo difícilmente hubiera aguantado las presiones de esa lluvia, la cual tuvo una contribución insignificante al ser comparada con el agua que sin parar hacia los polos estuvo entrando durante 40 días con sus noches.

Luego viene un cuadro que describe la tradición del diluvio a través de todas las culturas del mundo, comenzando por decir que una de las dos tradiciones Asirio-Babilónicas es la que más se aproxima a la Biblia con los siguientes puntos: **1)** ser humano en transgresión, **2)** destrucción divina, **3)** una familia es favorecida, **4)** se elabora un arca según las instrucciones divinas, **5)** la destrucción se debe al agua, **6)** los seres humanos se salvan, **7)** los animales también se salvan, **8)** la destrucción es universal, **9)** el arca desciende sobre una montaña, **10)** aves son enviadas hacia afuera para saber si ya retrocedió el agua, **11)** al salir los sobrevivientes adoran a Dios con sacrificios de animales, **12)** se otorga el favor divino sobre los que se salvan.

La segunda tradición Asirio-Babilónica, tal vez promovida por el perverso de Nimrod, omite el primer punto, aquel tan importante, tal vez el más importante pues desencadenó todo lo demás: de la causa del diluvio debida a la transgresión del hombre en contra del orden natural de Dios. Luego viene la tradición Persa, la cual omite los puntos 1, 2, 9, 11, 12, y altera los puntos 4 y 10, luego la tradición Siria, conserva el importante punto 1, pero omite los puntos 2, 3, y del 9 al 12; luego la tradición del Asia Menor (donde estaba Éfeso, Colosas y la Galacia, que era una gran región integrada por diversos poblados, así como Tarso y

Cilicia), omite los puntos 1, 2, 6, 7, 9, 11 y 12; la de Grecia omite el 1, 7, 10 y 12, y distorsiona el 4, 6 y 8; Egipto omite: 3, 4, 7, 9 y 10 y distorsiona el 5; Italia, omite el 7, 10 y 12 y distorsiona el 6; el resto de las culturas que conservan unos u otros puntos que se mencionan en la Biblia son las siguientes: Lituania, Rusia, China, India, los Cree de Canadá, los Cherokee de USA; los Aztecas y los Papago de México, los Incas del Perú, los nativos de: Leeward Islands, Fiji y Hawaii; mencionando en total 20 tradiciones derivadas del texto original de la Biblia (es decir, que al separarse los pueblos según sus lenguas en Babel, se llevaron dicha verdad por todo el mundo y la distorsionaron).

Josefo en sus escritos nos dice lo siguiente acerca de la ubicación del lugar en donde se asentó el arca: *"Los Armenios lo llaman: El "Lugar del Descenso" (aporatneiou); porque el arca, habiendo encallado allí, sus restos son mostrados por sus habitantes hasta el día de hoy"*, y para explicar esto, Whiston, uno de los que han editado la obra de Josefo, nos indica acerca del *"aporatneiou)"*, voy a subrayar los nombres que se han vuelto importantes en la ubicación del lugar en el que el arca reposó por primera vez, una vez consumado el diluvio:

"Es llamado por Tolomeo: "Naxuán", y por Moisés de Corene (historiador Armenio): "Idsheuán"; pero el lugar mismo se conoce como "Nachidsheuán" (según sus moradores), que significa: "el primer lugar de descenso"; y es un monumento duradero de la preservación de Noé en el arca... (y) como la primera ciudad después del diluvio. Ese Moisés dice (p. 19) que otra ciudad por tradición se relacionaba con la anterior, siendo llamada "Serón", o: "el lugar de la dispersión", debido a la dispersión de Xi-suthrus, o los hijos de Noé, quienes la habían edificado [Ver Antiq. B. xx, ch. ii, sect. 3, vol. ii, y Moses Chorenensis, p. 71, 72]."

Al ver estos nombres, busqué en el internet por emblemas patrios de alguno de estos lugares, y me encontré con que una ciudad que se llama "Nakhchivan" contiene en el lado superior izquierdo el arca encima de un monte, y con variantes según la versión, la representación de las aguas (sin embargo, la ubicación de esta ciudad, aún cuando preserva la tradición del arca, y el nombre, no se encuentra en el lugar original del descenso del arca).

La referencia a este texto es la siguiente: Whiston, W (ed. de:). Josephus. *Antiquities of the Jews. Vol. I Chap. III. Concerning the Flood... and afterwards dwelt in the Plain of Shinar.* p. 17. 1822.

Dice Allen Deal que el arca se detuvo, en lo que era ante el gradual descenso de la aguas, la entonces *"Isla de Mesha"*, *"Montes Mashu"*, en Turquía, lugar que también es conocido como: *"Muro del Cielo"* según el lugar en el que se asentó el arca en la más ficticia que real leyenda o "saga" de Gilgamesh, que en este punto pareciera estar en lo cierto, ya que ese lugar, el sitio donde se asentó el arca se encuentra a 2,255 mt sobre el nivel del mar.

La observación que hago yo aquí es que precisamente en ese sitio, se encuentra hasta la fecha el delineado del contorno del arca (la impresión que dejó allí) que antes estuviera allí, ¡y que ahora se encuentra más abajo! El análisis de Allen Deal de este punto muestra la completa coincidencia entre la parte delantera (*"upper deck"*), la parte media, y la parte posterior, incluyendo el fondo plano de la parte más baja del barco.

Y la intrigante e informativa descripción de Josefo, además de las notas eruditas de los expertos, continúa con lo siguiente, ellos mismos diciendo que Josefo se equivocó al dar su veredicto final, que es el que la mayoría de los buscadores del arca han seguido:

"6. Todos los escritores de historias gentiles mencionan a este diluvio, y a esta arca, y entre ellos Beroso el Caldeo, quien describiendo las circunstancias del diluvio, dice: "se dice que existe alguna parte del buque en Armenia, cerca de las montañas de los Kurdos (Cordyaeans),* y que algunas personas se llevan pedazos de este betún, que ellos usan como amuletos". Jerónimo (Hieronymus) el Egipcio también, quien escribiera las "Antigüedades Fenicias", y Mnaseas, y muchos otros, mencionan lo mismo. [Y la nota dice:] * Las montañas Kurdas ("Cordianas") separaban Asiria de Armenia, y el nombre se preserva en Kurdos y Kurdistán. Beroso alude probablemente a la "montaña de Nizir", o Rowandiz, sobre la que el Arca de Noé descansó (versión Caldea). Josefo erróneamente identifica la montaña sobre la que el Arca descansó con el tradicional monte Ararat. Para ver el sitio más probable del descenso del arca más hacia el sur, ver el "Diccionario de la Biblia de Smith" en la palabra "Ararat"". Josephus. G. *Bell and Sons*, 1900."

Esto nos indica que los mismos eruditos dicen que el identificar al sitio del *"aterrizaje"* del arca con el monte *"Ararat"* es erróneo, primeramente porque Joefo convirtió en singular algo que en la Biblia se dice que es plural: *"Montes Ararat"*, es decir: no en un monte en singular, sino ¡*"dentro de la cadena montañosa conocida como Ararat"* (también conocida como *"Urartu"*)! Y así nos lo dice en:

"**Reposó** (*wattanah: se aquietó, ¡y el contexto indica que seguía flotando!*) **el arca en el mes séptimo, a los diecisiete días del mes, sobre los montes Ararat. Las aguas fueron decreciendo** (*halowk hasowr: gradualmente disminuyendo*) **hasta el mes décimo, cuando, el primer día del mes, se descubrieron las cimas de los montes**" Gn. 8:4-5

Otra clara evidencia de que el monte Ararat actual que está lleno de hielo y nieve no pudo haber sido el lugar de asentamiento del arca (a pesar de tantas expediciones fallidas, incluyendo las del astronauta James Irwin, las que casi han costado varias vidas) es porque ¡no existía aún en los tiempos del diluvio! Sino que es de emergencia posterior, y una buena forma de corroborarlo es mediante el ver que carece de fósiles marinos, lo que es típico en los montes que sí existían y que quedaron completamente sumergidos bajo las aguas del diluvio, por ejemplo el más alto monte terrestre: el Monte Everest contiene toneladas de fósiles marinos: ¡Sedimentos conteniendo fósiles marinos a 8.8 km sobre el nivel del mar! Y a 6 km sobre el nivel del mar se encuentran sedimentos marinos metamorfoseados.

Una mejor traducción del hebreo *"wattanah"* como se ve en el texto es que se aquietó o dejó de desplazarse horizontalmente, pero seguía flotando por encima de la cadena montañosa de Ararat, ya que aún pasaron tres meses más para que se descubrieran las cimas de los montes. Es decir se estabilizó en esa región *"antes de que fueran vistas las montañas"*, nos dice Allen Deal, y prosigue: *"¿y de qué otra manera podría haberse aquietado el Arca si no hubiera sido por sus anclas?"* y enfatiza: *"¿De qué forma pudiera el Arca haber llegado a descansar (a aferrarse a esa región) sobre los montes de Ararat (Urartu) en el séptimo mes y las cimas de las montañas no ser visibles durante otros tres meses? ¡Mediante Anclas!"*

Los investigadores han encontrado grandes piedras con orificios a sus lados cerca de donde se encuentran los restos del arca, lo que indica que eran las anclas para evitar que el arca se desplazara demasiado fuera de esa área, se dibuja al arca con tres largos salientes horizontales de madera, de los que cuelgan unas veinte de estas grandes y pesadas piedras (que fueran usadas para contrarrestar la fuerza de la corriente), algunas aún son visibles en *"Arzap-Kazan"*; luego se muestran unas cinco de esas piedras tal y como han sido encontradas, con su orificio lateral para las gruesas cuerdas (en una de estas fotos dice: *"The Ark of Noah"*, 1989, David Fasold, *Wynwood Press*, N.Y.). En un lugar montañoso actual, la presencia de estas anclas de piedra pareciera ser corroboración de que allí fue en donde se asentó el arca.

Una vez que se han llevado a cabo todas las comparaciones pertinentes, se descubre que el nombre del sitio original del asentamiento del arca es el lugar llamado *"Mesa"*, *"Mesha"*, *"Naxuán"*, o *"Naxuana"*, hoy *"Masher Dag"*, el cual era *"El Muro de los Cielos"* según se menciona en Gilgamesh; el segundo sitio es aquel al que posteriormente *"se resbaló"* el arca también debido a las lluvias torrenciales, y es el sitio conocido como *"Serón"* o *"Uzengili"*, en Turquía (y al sitio preciso donde se encuentra el arca, cerca del cual existe un pequeño museo, se llama en el idioma natal: *"Nuh'un Gemisi"* (que también se pone: *"Nuhun Gemisi"*), que es el sitio en donde se puede ver actualmente el fragmento del arca que aún queda (a una altura de 1,890 mt sobre el nivel del mar), el mismo que apareció en una fotografía para la sección de *"Arqueología"* en *"Life Magazine"* el cinco de septiembre de 1960 (cuyo título es: *"Noah's Ark? Boatlike form is seen near Ararat"*: "¿Es ésta el Arca de Noé? Una forma de barco es vista cerca de Ararat"), y la leyenda al pie de la foto nos dice lo siguiente: *"Desde el aire: El contorno con forma de bote yace en el centro de un deslizamiento de tierra en la ladera de una montaña que está a solamente a 40 km (25 millas) del borde con Rusia. Los deslizamientos son de un origen reciente, pudiendo haber acumulado grueso lodo y piedras alrededor de la extraña formación. La foto fue tomada (en 1959) por un avión explorador turco desde los 3 km (10,000 ft) de altura (es decir, por el piloto Sevdet Kurtis de la Fuerza Aérea Turca)"*.

Y fue precisamente ésta foto fue la que motivó a Ron Wyatt, enfermero cristiano, a hacer sus fascinantes investigaciones acerca del arca y otros temas bíblicos, desafortunadamente, considero que incurrió en la mentira innecesariamente en varias ocasiones para ser, según él: *"más convincente"*, pero lo único que logró fue el desacreditarse a sí mismo). Y en mi presentación, pongo fotos de todos estos lugares tomadas principalmente de los mapas *Google* (en los EUA), en donde el sitio preciso así se identifica: *"The Landing Place of Noa's Ark"*.

En un dibujo de Allen Deal que incluyo en mis transparencias, se observa del lado derecho (que está al sur de su destino de asentamiento) el lugar en donde, aún flotando el arca, se asienta de sus desplazamientos más violentos pero se sigue desplazando hacia la izquierda de ese punto, lentamente, hasta llegar al lugar de su destino final, habiendo pasado por la formación volcánica del monte "Tendurek", y justo antes del asentamiento final en "Mesha", aún ahora se encuentran dos grandes anclas de piedra con su orificio lateral.

Quisiera aquí agregar la foto de un mapa de *Google* mostrando el estado actual de los dos lugares (pueden compararlo con el otro que puse en el 2016 en mis transparencias indicadas en el *"Prólogo"* para advertir cierto deterioro, especialmente del sitio inferior de *"la impronta"* del *"Arca de Noé"* (marcada en rojo), el cual es bordeado por un camino):

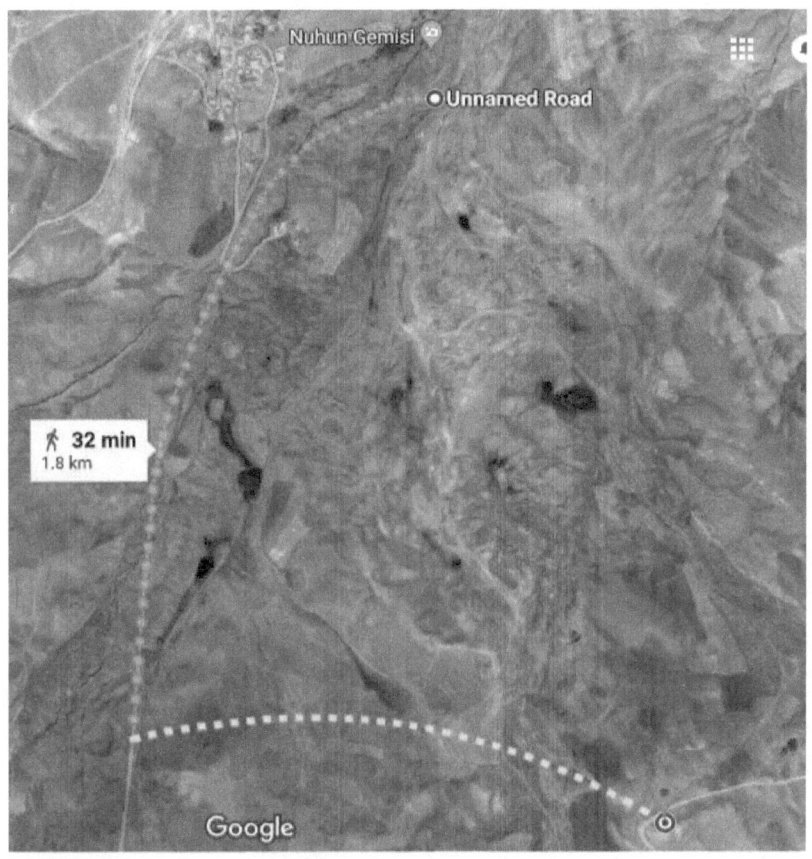

Mapa aéreo que nos muestra la distancia que hay entre el sitio de asentamiento original del "Arca de Noé" (en rojo), a una altura de 2,255 metros sobre el nivel del mar y el sitio final donde terminó asentándose (en azul claro): Nuhun Gemisi (que significa precisamente "Arca de Noé"), en Turquía y a una altura de 1,890 metros sobre el nivel del mar. Según Google, se puede caminar de un lugar a otro en menos de una hora.

Luego, en otro de los dibujos de Allen, nos dice, apuntando al lugar del asentamiento original o primero: "*Sitio de reposo original cerca de la cresta de la montaña. El arca es arrastrada por el flujo de lodo...*" (que luego aclara así: "*El deslizamiento fue más probablemente causado por un terremoto y/o por fuertes lluvias*") y luego, nos dice del lugar donde

65

finalmente se encuentra ahora el Arca: "*Empalada sobre un afloramiento de piedra caliza, rota quedando alineada con el flujo de lodo y queda cubierta*" (lo interesante es que el lugar preciso donde quedó empalada o atravesada dicha arca coincide, si se adaptara a las dimensiones de un cuerpo de varón humano: con el sitio del costado de Cristo, el cual fuera traspasado, llegando al corazón; esto es algo profético ya que el Arca fue como una sombra del salvador, habiendo salvado en aquel tiempo a Noé y a su familia, junto con todos los animales; hoy el que acepta Jesús es salvo, santificado, sea judío o gentil, y todos los animales ya han sido limpiados, también a partir de ese sacrificio: "*lo que Dios limpió, no lo llames tú común*", Hch. 10:15b).

Luego, para rematar, Allen Deal nos muestra los resultados de su análisis de los restos de viviendas en el sitio original en el que se asentó el arca, el encabezado de uno de sus mapas mostrando la ubicación de las casas y de las tumbas (a la carretera que pasa por un costado de la impronta del arca que estuvo allí le llama él: "*Army Road*": "*Carretera del Ejército*"): "*Mesa o Naxuán, centro de la antigua ciudad cercano al sitio inicial de asentamiento del Arca*", y más abajo dice: "*Impresión del Arca en la primera ciudad (Naxuán), se encuentra en medio de restos de casas, ¡y muchas tumbas y cementerios!*", y luego se enfoca a tomarle fotos al sitio de la casa que estuvo justo enfrente de la parte frontal del Arca de Noé.

Pongo al lado derecho de este mapa, fotos de restos de una casa que estuvo allí y tanto las paredes hechas de piedras bien cuadradas y sus pisos bien pulidos de granito, tanto obscuro como del color cobre.

Luego pongo la foto con un mapa que claramente indica que no se trata del monte Ararat en donde se encuentra el arca, sino más bien a una hora y 42 min o 39.4 km de distancia en Usengili Turquía, luego pongo la escritura que se refiere al nombre de la tierra que habitaron, que sigue siendo a partir de

"*Mesa*" (y así también se translitera en hebreo: "*Mesa*" o "*Mesha*"), donde se asentó él arca:

"Los hijos de Sem... y la tierra en que habitaron iba desde Mesa, en dirección de Sefar, hasta la región montañosa del oriente"
Gn. 10:22a, 30

Luego pongo otra transparencia para mi presentación, en la que se observa que a partir del diluvio, la longevidad se redujo dramática y gradualmente (como que los genes recesivos de reducción de longevidad se expresaron en la familia de Noé): A partir de Matusalén (969 años) y Noé (950), la longevidad se va reduciendo pasando por Sem (600), Heber (464), Peleg (239), Taré (205), Abraham (175), Jacob (147), José (110; y en el original se dan 23 nombres desde Adán (quien murió de 930 años) hasta José. Es decir, que de Matusalén a su descendiente José, ¡la longevida disminuyó en un 88.65 %!

Ahora, y ya acercándonos al final de este estudio, la Biblia nos dice que así fue como recedieron las aguas de la tierra:

"Entonces se acordó Dios de Noé y de todos los animales y todas las bestias que estaban con él en el arca; e hizo pasar Dios un viento sobre la tierra y disminuyeron las aguas. Se cerraron las fuentes del abismo y las cataratas de los cielos; y la lluvia de los cielos fue detenida. Las aguas decrecían gradualmente sobre la tierra; y se retiraron las aguas al cabo de ciento cincuenta días"
Gn. 8:1-3

Aquí dice que Dios hizo pasar un viento sobre la tierra, el cual se fue llevando las aguas de la tierra, así también se nos dice que se cerraron las fuentes del abismo (los géiser dejaron de aventar agua todos al mismo tiempo) y se cerraron también los dos orificios de ozono, y al hacer esto último, la lluvia que venía del espacio exterior fue detenida; tardaron en retirarse las aguas 150 días después de que el diluvio ya había cesado.

A partir del diluvio de Noé es que surgen las estaciones del año las cuales se mencionan en:

"Mientras la tierra permanezca no cesarán la sementera y la siega, el frío y el calor, el verano y el invierno, el día y la noche" Gn. 8:22

Dice aquí que siempre va a haber verano e invierno; pero la más contundente evidencia de que Dios mismo fue el que causó el diluvio para preservar a la humanidad es que las estaciones nacen a partir del diluvio, y aquí Dios se atribuye el haber originado las estaciones, lo cual es una manera eufemística (moderada, discreta), a mi entender, de decir que Él mismo también causó el diluvio:

"Tú fijaste todos los términos de la tierra; el verano y el invierno tú los formaste (*yesartam, de yatsar*)" Sal. 74:17

Otra de las cosas que aparecen por primera vez además de las estaciones del año, ¡es el arcoíris!:

"Mi arco he puesto en las nubes, el cual será por señal de mi pacto con la tierra" Gn. 9:13

Aquí, Elohim: "Dios el Juez Creador y Destructor" se atribuye el haber originado el arcoíris.

Finalmente, quisiera colocar un par de escrituras que van a entrelazar este estudio de *"las aguas de arriba"* con el siguiente que es el de *"los ángeles de abajo"*, y nos enseña la razón por la que era necesario que existiera un diluvio, y qué pocos seres humanos se salvaron: ¡ocho!, a partir de los cuales de nuevo se repobló la humanidad:

"Tened buena conciencia... Asimismo, Cristo padeció una sola vez por los pecados, el justo por los injustos, para llevarnos a Dios, siendo a la verdad muerto en la carne, pero vivificado en

espíritu; y en espíritu fue y predicó a los espíritus encarcelados, los que en otro tiempo desobedecieron, cuando una vez esperaba la paciencia de Dios en los días de Noé, mientras se preparaba el arca, en la cual pocas personas, es decir, ocho, fueron salvadas por agua" 1 Pe. 3:16a, 18-20

Estos que se mencionan aquí: *"espíritus encarcelados"* son precisamente esos *"ángeles de abajo"*, los cuales desobedecieron a Dios, y trataron de matar a Noé y los suyos mediante sus organismos alterados genéticamente: los Neandertales y todos aquellos con ligera apariencia de humanos (pero que en realidad no lo son) que son semejantes a éstos.

Además, al decir que *"fueron salvadas por agua"* está dando a entender que la única forma de librarse de sus intentos asesinos fue gracias a las aguas del diluvio, que de otra manera: ¡si no hubiera habido diluvio éstos seres malignos habrían acabado con Noé y los suyos (la cual era su intención bajo la dirección del Adversario)! Y luego nos va a decir que por eso el diluvio fue un bautismo planetario que erradicó la suciedad del mal sobre la tierra (al menos por un buen tiempo, para así dejar las condiciones propicias para la venida de Jesucristo):

"El bautismo que corresponde a esto ahora nos salva (no quitando las inmundicias del cuerpo, sino como la aspiración de una buena conciencia hacia Dios) mediante la resurrección de Jesucristo, quien habiendo subido al cielo está a la diestra de Dios; y a él están sujetos ángeles, autoridades y poderes" 1 Pe. 3:21-22

Dice que lo que equivale a esa limpieza de la tierra debido al diluvio, es nuestro creer en a resurrección de Jesucristo, lo que nos hace salvos, y que una vez salvos nos esforcemos por mantener una buena conciencia, que es precisamente con lo que comenzó este tema en 1 Pe. 3:16. Y para contrastar las cosas del pasado con las de ahora, gracias a Cristo se nos dice que él va a mantener un buen orden entre las huestes espirituales, las cuales están sujetas a él. Entonces, si las huestes angelicales están sujetas a Cristo: ¡cuánto más y con cuánta mayor razón nosotros hemos de estarlo para nuestras recompensas una vez que fuimos hechos salvos! Por eso estas escrituras finales son las más fundamentales de todo este estudio, pues tienen que ver con nosotros y con nuestra relación con nuestro líder Jesús:

"**Todo aquel que invoque el nombre del Señor, será salvo**" Rom. 10:13b

Invocar el nombre del Señor Jesús es platicar con él, pedirle cosas, y al hacerlo, desde luego que estamos reconociendo, tanto que él es nuestro guía y líder, así como que él fue levantado de entre los muertos por Dios: ¡y por eso podemos comunicarnos con él!

Pero incluye una mayor profundidad, ya que consiste en, en la práctica y de verdad, hacer a Jesús nuestro líder y cabeza, con la finalidad de obedecerle para ganarnos nuestras recompensas: ¡las cuales si son obtenidas por nuestras obras!

Y este es el contexto inmediato del versículo anterior:

"«Cerca de ti está la palabra, en tu boca y en tu corazón.» Ésta es la palabra de fe que predicamos: Si confiesas con tu boca que Jesús es el Señor y crees en tu corazón que Dios lo levantó de entre los muertos, serás salvo, porque con el corazón se cree para justicia, pero con la boca se confiesa para salvación. La Escritura dice: «Todo aquel que en él cree, no será defraudado», porque no hay diferencia entre judío y griego, pues el mismo que es Señor de todos, es rico para con todos los que lo invocan" Rom. 10:8b-12

Concluyendo, he de decir que las aguas de arriba, espiritualmente: ¡son nuestra inmersión para recompensas hacia una vida nueva!

www.ingramcontent.com/pod-product-compliance
Lightning Source LLC
Chambersburg PA
CBHW030458220526
45464CB00006B/2570